不是尽力，是一定要做到

九把刀 著
GIDDENS

2 「参见，九把刀」BLOG战斗文学

中国华侨出版社

图书在版编目（CIP）数据

不是尽力，是一定要做到 / 九把刀著 . — 北京：
中国华侨出版社 , 2013.1
ISBN 978-7-5113-3150-2

Ⅰ . ①不… Ⅱ . ①九… Ⅲ . ①成功心理 – 通俗读物
Ⅳ . ① B848.4-49

中国版本图书馆 CIP 数据核字 (2012) 第 305372 号

不是尽力，是一定要做到

著　　者：九把刀
出 版 人：方　鸣
责任编辑：沽　月
封面设计：聂永真 @ 永真急制
经　　销：新华书店
印　　刷：廊坊市兰新雅彩印有限公司
开　　本：880 毫米 ×1230 毫米　1/32　印张：9.5　字数：160 千字
版　　次：2013 年 1 月第一版　2013 年 1 月第一次印刷
书　　号：ISBN 978-7-5113-3150-2
定　　价：35.00 元

中国华侨出版社　北京市朝阳区静安里 26 号通城大厦三层　邮编：100028
法律顾问：陈鹰律师事务所
发行部：（010）82069015
网站：www.ovesschin.com
E-mail:ovesschin@sina.com

序 就算彻底了解自己，你能够带种地快乐吗？

承接上一本博客书《人生就是不停的战斗》中的序，此为下序（好怪的词）。

想快乐，就得了解自己。

可即使我们很了解自己了，又怎样？

这个世界，很多时候不大允许我们做自己。所以“做自己”这么稀松平常的事，竟然常常被冠上“勇敢”两字一起讲，变成“勇敢做自己”，好像做自己是很了不起的事。但吃饭就吃饭，你会说“勇敢吃饭”吗？再怎么不爱洗澡，也不至于说出“勇敢洗澡”这么白痴的话吧。

乱举例是我的拿手好戏。比如我很喜欢写东西，博客、小说、专栏、散文等等，有很长一段时间，写作上瘾得很凶，搭捷运的时候只要出发地点与目的地相距四个站以上，我就会打开笔记本电脑写点东西，不畏惧旁人的眼光，更不畏惧旁人想看我在写什么东西的压力，只要敲键盘，我就活在只属于自己的世界里。

我写以上这一段，是要强调我很爱写小说吗？

那是。

其实以上说的这一段“只要超过四个站，九把刀就会在捷运上写小说”这个接近传说的事迹，很多读者都知道了，当很多读者知道这个传说，就会有人很想直击这个传说。后来我的事情变多又复杂（演讲、报章杂志采访、校刊采访、教课、出版会议、导演电影等等），我搭捷运的时候有一半概率都在放空看正妹，或是用手机玩赛车游戏打发时间，并不会打开电脑写作。

我遇过两次还是三次，捷运上有读者在观察我一阵子后，终于鼓起勇气，怯生生走过来问我：“不好意思，请问你是九把刀吗？”

“是啊。”我点头。

“那……你不是都会在捷运上写小说吗？”他露出“逮到你了”的得意笑容。

“现在不想写啊。”我倒是很大方地说。

“那你可不可以打开电脑，我们在旁边看你写好不好？”他很有礼貌。

“可是我现在不想写啊，真的不好意思啦。”我笑笑拒绝。

才不可能为了符合传说的要求，在我不想写东西的时候硬开电脑装模作样咧。也不可能想要为了符合读者想要看我写小说，我就很假掰地开电脑写给他看。

附带一提，还有个鲜为人知的传说。

在我还很穷的时候，常常跟女友约在影城看电影，我到得早，在什么也买不起的商店区晃了晃，没事干，我索性走进影城里的厕所（影城的厕所都很干净，这是大前提啊），坐在马桶上开电脑写小说等她。偶尔有报章杂志的记者问我有多喜欢写小说，我就会跟采访的记者说这一段故事，可没有记者真正写出来过，显然不被相信，哈哈！

为什么进厕所写作？是因为那里是不用花钱又可以轻松打发时间写小说的地方，而不是我喜欢坐马桶写作那么变态，更不是因为我在马桶上写作这一件事可以拿来说给别人听。

后来书卖得好，要等女友，我自然就会找个咖啡店点杯热拿铁，乖乖地像个正常人类一样坐在正常的椅子上敲键盘。

爱写小说，有时也要冒得罪人的危险。

有一次，我参加一场多个作家的联合座谈会（那时我的小说还是卖得很烂），每次轮到我，我认真讲完我想说的话，就轮到其他作家说话。不过渐渐我发现，其他作家都在讲一些很空泛、觉得自己是偶像的话，我听得索然无味，干脆掀开放在桌上的笔记本电脑写起小说，等轮到我自己的时候再发言。那个时候我想底下所有听众都误以为我开电脑是为了要做演讲笔记，我的妈啊，那种废话连篇的东西能做什么笔记？其实我根本是在写小说。

我在台上写小说，听众不知道，可我猜跟我一起座谈的那些作家都发现了我根本就是在台上写小说，不是在做笔记，心底应该都很恼火，觉得我不尊重他们。不过，老实说他们都在讲一些没营养的话，没法子吸引我专心听他们说话也是无可奈何——这个道理如同一个老师如果上课上得很烂、上得不认真，就别怪学生在抽屉里给你偷看《少年快报》一样。我敢在你旁边写小说，就敢接受你讨厌我不尊重你——因为我真的没空尊重你啊！

只是，我也没办法全部都照着自己想要的去做每一件事。老实说，人生如果每一件事都可以照自己的意愿去干，一点逆境都没，这不切实际，也真无聊。面对有可能无法做自己的关键时刻，我其实没什么“坚持做自己的窍门”可以跟大家分享，常常我也就是一副“哎呀，既然如此，那也没办法啦！”的表情，然后就去做“天不从人愿”的事了。

不能随兴地要怎样就怎样，当然不是绝对的快乐，但其实那些人要我做的事说穿了也没什么，与其板着脸说：“抱歉，那有违我的原则！”然后大费周章解释一个小时关于自己的原则，有时候还不如简单配合一下就过去了。比如我在服“替代役”的时候，下了专训，到二水乡公所服役，有一次役政署举办了绩优“替代役”役男表扬大会。我不是绩优役男，不过我是九把刀，所以还是被叫去帮表扬大会演讲做 ending（结束语）。

记得上火车前我买了插画家 Blaze 推荐的漫画《重金摇滚双面人》，超好笑，我一路从彰化笑到斗六。直到去斗六火车站前广场与几百个绩优“替代役”役男集合的时候，我的手里还是拿着漫画在看，一个人在人群里科科科[①]地笑。

专车还没到，长官开始第一轮点名。我将漫画放进背包里，跟大家一起站在大太阳底下晒。等大家都点过了一遍，长官大声问：“还有谁没点到？”

我举手。

长官瞪着我，狐疑：“你叫什么名字，怎么会没点到？”

①科科科：是一种台湾式的网络笑声。

“柯景腾。”我说。

“啊！你就是那个九把刀吗？你怎么不早说！出来出来！”长官笑了。

我出来，感觉到后面几十个“替代役”役男的眼神都往这里看过来。

只见那长官指着远方一个阴凉处，热情地说：“太阳很大，你先去那里等，车子来了我会叫你。”

“……那个，我在这里等没关系。”我赶紧说。

如果我真的一个人跑过去阴影处等，那上百个在太阳底下晒着站的“替代役”役男，会怎么想？肯定觉得，九把刀有特权！没听到我在想办法抵抗这种特权的大多数役男，说不定还会觉得我过得太爽，过一阵子在网络上就会出现九把刀很鸡巴之类的八卦。

“这里太阳很大啊，你去那里等，比较不会那么晒。”长官继续推荐远方的阴影，生怕我不晓得站在阴影下等集合的好处。

我战战兢兢地说：“可是，大家都在这里，我也在这里好了。”

“唉，没关系啦，你就去那里等，车子来还要一段时间。快去快去！”长官一只手推着我，又说，“快快快，车子到了我们会叫你！”

能怎样？我只好在一群同袍的羡慕注视下跑去阴影底下。其实我不需要这种乘凉的特权啊。从小到大，发呆、做白日梦就是我的强项，跟大家一起站着晒太阳等专车一点也没什么。说白一点，就是我完全可以一边罚站一边想等一下小说要怎么写，一点也不浪费时间。

我心知肚明，在其他“替代役”役男的眼中，我就是一个享有特权的人，可是如果我在当时不断拒绝那个长官叫我去阴暗处乘凉的命令，我就等于不给那个长官面子，又根本——就显得太假惺惺。

一个人站在阴影下，闲着没事，我干脆拿起《重金摇滚双面人》，大大方方继续看了起来。因为我很想看啊！后来我终于上了专车，车子开到剑湖山王子大饭店，几百个役男又开始搞大集合、大点名，大家要分配房间钥匙。可我一下车，就被几个长官当着大家的面带走，叫我先在饭店大厅沙发上坐着等，有长官会来跟我说话。

“没关系，我跟大家一起集合好了，反正我要分钥匙啊。”我赶紧说。

“唉，你的房间我们等一下会安排，你就先坐下来，里面有冷气啊！”长官热情地说。

我也知道里面有冷气啊，白痴也知道吹冷气很爽啊，可是我也知道要是我一个人进去吹冷气，一定会被大家放在心里公干啊！不过，长官这种好意的命令怎么拒绝都不对劲，挣扎了一下，我也只能就范。

对比站在外面玩点名分钥匙游戏的几百个役男（透过落地玻璃可以看见坐在沙发的我，一定又觉得我有特权很爽了），我没事干，想了想干脆从背包里拿出笔记本电脑，开始写起小说。直到官阶巨大的长官出现，我才将电脑收起来，起来忙握手的大人游戏。

诸如此类的画面，其实一直都在那两天“替代役”绩优役男表扬大会中出现。我喜欢做自己，不代表我喜欢这种与众不同的特权，尤其这种特权会惹人讨厌。可是不得不接受的时候，我也看得很开，那就大大方方被人讨厌吧！

这个世界上很少有不牺牲一点好处，就可以得到另一种好处的事。我们想做自己，就得冒着被误解的风险。别人不见得了解我们的想法，还有最重要的——“这样的想法，是怎么从这个人的个性中滋养出来的”。

我厌恶被误解，幸好我想做自己的欲望也够强烈。比如很多读者会写信给我，问我家地址，希望将书寄到我家然后我签完名后再寄回去。这些读者当然会在信中不断说一些很喜欢我的小说之类的话，我看了也很高兴，觉得得到鼓励。不过……签完名再寄书回去给他们？

真的做了，他们一定觉得我人怎么那么好。可如果我每一封信都说好，导致每天都在做这样的事，就不必写小说了。不给地址、不帮签名寄回书的后果也很清楚，那就是被读者认为我很鸡巴。这个时候，我就会拿出我最重要的自我判断标准，那就是："如果以前的我不会刻意配合的事，今天我拒绝也没什么。"

的确，我在以前书卖得很烂的时候，就不可能做这么一件极需要勤劳的事。现在的我，当然也可以不用为了被说一句"九把刀你人真的是太好了"就展开我的读者服务事业……于是我还是统统说抱歉，反正不定期都有签书会在办呀。

作家蔡智恒跟我聊过，他说他这个人本来就很臭屁，可是别人不知道啊，所以成名后他就得表现得谦虚点，免得被别人说他是书畅销后得了大头症。

蔡智恒讲这番话不是好心提醒我做人的道理，因为他在跟我聊的时候，我的书还卖得爆烂，完全没有人关心我有没有大头症。唉，其实大头症这种病我从小就得了，而且一直治不好，所以臭屁也是我的强项。

抵抗这种"人红就跩"的误解，是我日后战斗中重要的一部分。因为我的身边已开始出现许多拿着"社会责任"来要求我的人。

学校老师会要求我，多写一点对青少年有帮助的文章，勉励大家用功读书。慈善团体会要求我，多出面做善事帮助更多人捐钱、捐时间、捐热情。越来越胖的“蜘蛛人”说“能力越大，责任越大”，的确如此。不过比起责任，我更想要纯粹的快乐。

我除了写小说之外，根本就很普通。如果不是大家很喜欢看我的小说，进而想认识一下我，那么我在这个世界上不过是饰演路人的角色，我怎么乐观地看待我的人生、我为什么充满对生命的热情，也不会有人感兴趣。

很早我就看破我自己了，我的确是个好人，非常善良，但我同时也非常自私。是的，你没有看错，我认为我自己很自私。在我如此充满生命热情的时刻，我真的想把大部分的时间都拿来做我喜欢的事。

我觉得流浪汉很可怜，但我没有充满爱心到拿着棉被去给睡在纸箱里的流浪汉盖，但我以前就会小额捐款给照顾街友的创世基金会。

我觉得流浪狗很可怜，但我没有充满爱到不断收养流浪狗、帮它们结扎，不过我会不固定捐款给流浪动物相关的协会，偶尔也会买肉包子请它们吃一顿。

我觉得遭受到性侵害的女孩很可怜，但我没机会帮她们狂踢强暴犯的睾丸，不过我会捐款给励馨基金会，希望她们得到温柔的照顾。

我觉得没钱吃午餐、没钱缴学费的学童很需要帮助，但我不会自己煮东西过去给他们吃，也不会勤劳地跑去当他们的免费家教。可我每个月都固定捐钱给富邦文教基金会，每次接到那些学童亲手写的感谢信我都觉得很感动。

每个人的个性不同，我有我关心这个世界的方法。我不想被规定、被指示、被要求要按照别人的期待去展现“我是一个有爱心的公众人物”。

那、太、假、了、吧！

有时候我的经纪人会接到偏远地区学校的演讲邀约，也会接一些公益基金会的服务邀请，但，那也是因为我高兴，不是因为我突然觉得自己变成了伟人。这样的体悟对我来说非常重要。做一件事的理由，越单纯，越好，不是吗？我会写各式各样的故事，我希望故事很好看，大家看了喜欢。我希望某些故事带给大家继续战斗的勇气，振奋大家也振奋自己。但某些黑暗到不行的惊悚故事（《异梦》《楼下的房客》），或是垃圾到简直连乱写都难以形容的爆笑故事（《哈棒传奇》），我只是纯粹想娱乐大家跟我自己，被说没营养我也不在乎……好啦，是有一点在意。

我一定是疯了，竟然用毛笔签售。

我想做自己，坚持用自己的方式快乐，就得接受有时被人误解“九把刀是个专写垃圾文章的作家”或“九把刀没有社会责任感”。这是我的因果、我的业，也是我带的种。人生没办法全拿的，不是吗？

我希望受欢迎。可我不会为了希望受欢迎，刻意去做能让我受到欢迎的事情。但我会希望，由于我不停地在做自己喜欢做的事，很努力、很战斗、很欢愉，于是这整个过程被大家认同，进而鼓舞到很多人开始尝试“多做让自己真心快乐的事，少做其实你不快乐的事”。如果事与愿违，那也没办法。但至少我还是活在真正属于自己的快乐里啰！

目录

I

2008 年

2

2009 年

2008 年

这辈子第二次
上成功岭被当狗干

2008.02.28

我是用专长申请的“替代役”第五十梯的文化役。

所有的“替代役”役男都得去成功岭受新训，新训为期一个月，结束后再依照“替代役”的役别，如消防役、警察役、观光役、环保役、司法行政役等分发给专训单位。

专训通常都很爽。但成功岭？抱歉，那是一堆虐待狂聚集的鬼地方。然而，那里并没有一堆被虐狂。

对“人间炼狱”成功岭我并不陌生，远在十年前我还是十八岁小男生的时候，就上过成功岭受一个月的大专生军事集训（那时是倒数第二届）。本来我是不想去的，好好的干吗去？但那年夏天身边的好朋友们都决定要上成功岭折腾一个月，将来好抵一个月役期（只能说神经病），我一想到他们将在我们一起喜欢的女孩子面前高谈阔论在成功岭当狗的日子，而我却插不上嘴的画面，就只好跟着打包行李。

那真是很病态的体验。

还记得每次洗澡随便冲个水就算数，害我腋下开始生出白色的、纠缠腋毛的怪东西。我试过在放假时用肥皂水细心搓洗，但就是清理不掉将腋毛“捆成一束束”的白色分泌物，我大怒，改用超强效的洗衣粉也无济于事，洗碗精也拿它没办法。我整整洗了两个假期都徒劳无功，还将腋下的肉洗得红彤彤、有发炎的感觉。

“他妈的，这到底是什么鬼东西啦！”我懊恼地拿着牙刷在腋下来回刷。

“是盐吧。”哥淡淡地说。

“是盐的话怎么可能刷了这么久还刷不掉！”我不解。

“很多没有第一时间洗掉的盐，团结起来可能就变成那种东西。”哥很冷淡。

“那种东西？那是什么东西啦！”我怒到想把牙刷折断。

妈妈叹口气，手里拿着罐药水走来，说：“田田，妈妈用这个好不好？”

“啊？”

“脱毛剂，不会痛。”妈随便晃了一下药水罐，根本看不清楚。

“那不就会没有腋毛？”我呆住。

“听妈的话，一鼓作气把腋毛清掉，那些脏东西就不会再生出来了。”

“……你保证这样就会好了吗？”我有点不安。

没有腋毛？那种造型适合我吗？

“来，打开。”妈将我的手举起来。

“妈，没有腋毛不会很怪吗？”我难以想象。

“一下子就好了。”

经过这番大扫除，总算将腋下重新来过，后来也没有再长出奇怪的东西。好险，不然我恐怕真的可以表演腋下喷火。不过我很会画画这件事，终究为我在大专集训带来很大的便利。当大家在烈日下练刺枪术时，我在班长房间里吹电风扇、听广播，画各种节庆海报，还可以自由投饮料慰劳自己（所以有一些比较好的同学会私下托我帮投），顺便替有在赌职棒的班长们听比数，他们一开门就要知道比分，马虎不得。不管是兵役节、植树节我都没问题，总之我帮负责文艺工作的班长画了整年度的海报，让他可以在未来一年里凉得很愉快，换取我短暂的自由。尽管如此，那年成功岭给我的记忆完全是备受折磨的，“苦中作乐”这四个字的意义不大。

尽管后来离开成功岭，有很多被虐待的经验可以拿出来说，越是被当成垃圾对待的日子讲起来越臭屁（被当成一条大便，真的有那么骄傲吗），但在当下完全不是那么一回事。我只想快点逃走。

这次去成功岭，距离上次已十年。我决不会说，这次我满怀成长的期待，当收拾行李时我还是满满地“干”。

今年二十九岁，这个年纪去当兵算很老了，实际上，整个中队没有人的年纪比我大，连中队长都比我小，他只有二十四岁。这种感觉真的很怪。因为在这之前，我长期活在一个大家都对我说“天啊，你才二十九岁就已经写了四十本书”的环境里（那些恭维听听就好，全部当真保准一天之内发疯），突然之间从“年轻有为”变成了一个“大长老”，说有多怪就有多怪。很幸运，我们队上的副中队长（相当于辅导长）是我的高中学弟，而且还不是普通的学弟。我们甚至共享一个导师（就是《那些年，我们一起追的女孩》里的赖导），只是相差了五年。跟副中队长有了这层关系并没有让我在上面过得比较爽（大家都在看），照样被操被干，但有时我们会私下聊聊天，让我觉得偶尔当个正常的人还不错。

有一天，兵荒马乱地洗完澡后，副中队长把我叫进他的房间。

“学长，训练期间有个‘替代役心得写作比赛’，你知道吗？”副中队长问。

“要干吗的啊？”我不解。

“只要有得名的话，可以放荣誉假一天。”副中队长说。

“哦，派我去的话一定得第一名的啦。”我脱口而出。

“比赛的对象是全成功岭的‘替代役’役男哦，规定是每个中队可以派两个。”副中队长算了算，说，“‘替代役’共有四大队，每个大队有三个中队，所以总共有二十四个参赛名额。”

大概是七年前拍的，不晓得大家现在怎样。

“哦，反正我一定第一名啊。”我笑笑，“因为如果我参加了，没拿第一名的话一定很丢脸。所以我一定会拿到第一名放荣誉假的。”

就这样，我说了很可怕的大话。

毕竟是比赛，比赛的话不是直接跟广大的阅读者沟通，而是跟评审沟通，所以不管你平常再怎么厉害，评审不喜欢就不喜欢，不见得可以脱颖而出。我曾用三篇自己非常满意的作品投过三次“倪匡科幻文学奖”，三次都得了个屁，可见参加比赛是多么不确定的战斗。

乱讲大话如果做不到，虽然只有副中队长一个人知道，但还是会很丢脸。所以我得花费比其他人更多的时间与精力，想办法把自己脱口而出的大话实践出来。

第二个星期放假半天，我回家除了跟小内紧急约会，还用电脑快速写了一篇我在成功岭的心得，打印出来带回部队。由于时间很赶，我只是写了想说的话，所以比比赛字数限制的一千字还多了五百字。

怎么办?

当别人还在背歌词的时候，我就看着那两张 A4 纸，思考该怎么删除那多出来的五百字。删除已经写好的东西一点也不容易，尤其是需要删除的比例占了文章的三分之一。我用铅笔画了又画，不断逐字数数，很计较，也很心疼。有个后来我才知道原来也是我读者的管理干部，在熄灯就寝前走过来，一边检查大家的拖鞋有没有摆好，一边斜眼看着我，说：“十五号，你比赛心得写好没？”

“快了，再删一下就好了。”我淡淡地说。

“有没有把握？”他走到我身边。

“一定第一名。”我若无其事。

“……”他愣了一下，然后用难以置信的语气说，“这么有自信？”

“因为我太强了。”我故意说。

那个管理干部一边摇头一边走了。

太强？事实上一点也不轻松。我足足删了四天才勉强将字数压到一千字整。我在比赛纸上慢慢将文章誊好，交给管理干部投稿。比赛结果揭晓时，副中队长把我叫进房间。

“学长，恭喜你有荣誉假了。”他笑笑。

“哦。”我装作不在乎。

“哦？你想不想知道你的成绩？”副中队长的表情很诡异。

“好啊，反正一定是第一名啊。”我装作不在乎。

副中队长用很不可思议的表情看着我，摊手将比赛成绩表放在桌上，让我自己去看。我看着成绩总表，没仔细算，但好像参加比赛的不止二十四个人，跟原先的说法好像不大一样。不过，嗯、嗯，重点是，除了其中一个评审给了我第二名的成绩外，其余的评审都给我跳跃性的最高分。平均下来，我当然是第一名。

“学长，你哪来的自信啊？”副中队长用很想打我的眼神瞪着我，“说不定评审不喜欢你写的风格，也说不定其他参加比赛的人也有高手啊。”

“哦，因为我超强的啊。”我很得意。

其实我没有告诉他，为了不丢脸，我超努力、超在意的。

天才很可怕。而努力的天才不只可怕，还很讨人厌。我牺牲了放假的宝贵一小时，还放弃了很多可以发呆、放空的零碎时间，还赌上了我的脸面。如果没有第一名，我就变成了用嘴巴放屁的家伙。后来荣誉假也不过只有一天。区区一天。算起来这个投资报酬的价值还真是低啊，但我也因此对以后乱讲大话有了比较谨慎的想法。人啊，偶尔还是要节省自己的屁话额度，不然丢的脸也大。

以下将我在放假时匆匆写出的比赛草稿贴出来，就不事后作修改了，跟大家分享一下一个小时以内写出来的战斗文。这也是我真实的、珍贵的回忆。

不是尽力，是一定要做到（成功岭作文比赛作品）

2008.02.29

日正当中，所有人将内务柜里的大大小小东西搬到太阳底下摊开，汗流浃背让分队长逐一检查。原因无他，只因有人晚上偷偷躲进厕所抽烟，讨来一场大地震。

“I can’t believe what happened now. Why they always treat us so mad?”(为什么他们要疯了一样对待我们？这简直难以置信。)来自菲律宾的邻员 Chad 很沮丧，非常后悔回台湾服役。

“Hey Chad, don’t be sad. They can take us anything but our dignity.”（Chad，不要难过。他们可以夺走我们的一切，但，除了尊严。）我擦掉额上的汗水，用自信的语气鼓舞年仅二十岁的 Chad。

Chad 愣了一下，随即咧开嘴，在大汗淋漓下笑笑点头。

人生中发生的每一件事都不是意外，都不是巧合，都有意义。

六十七年次（1978年）的我，十年前参加过末代的成功岭大专生集训，当时的我每分每秒都过得很紧绷，晚上睡觉不敢摊开棉被来盖，生怕隔天早上折不好，蚊帐更是内务的大敌；跑步必定脱队，完全跟不上大家的节奏；唱歌答数老爱对嘴，为的就是省一份力气——一份即使省下来，也不知所用何处的力气。凡事躲在后面，只希望班长永远也别发现我的存在。

就这样三十天过去，成功岭只不过是一场噩梦。

十年来的历练不断积累，我开始从事写作，在校园间巡回演讲，除了分享写作的心得，也鼓舞读者："人生就是不停的战斗！"希望大家能够用积极与幽默的态度面对人生的挑战。

十年后的今天，二十八岁的我再度来到初夏的成功岭。这次我多了处之泰然的自适，跟自我实践的积极勇气。但即使如此，"替代役"军事训练中，高度的时间控管依旧给我很大的压力，干部们整天对着役男们穷凶极恶地咆哮："跑起来啊！""十秒以内，所有人床前定位站好！""都第几天了！十五伍阵面还听不懂，莫名其妙！""我说动作了没！刚刚动的人手给我举起来！""手会不会贴啊！不会贴就给我举起来！大臂贴耳际，拳眼朝前！"吼得大家神经兮兮，随时都会崩溃。

在吼叫声与催促声中，我总是神色匆匆，加上我是个很容易流汗的人，动不动就一身大汗，有时连眼镜都给蒸糊了，很狼狈。我很快就想起了十年前那场噩梦，只是我不愿只是等待噩梦过去。

即使我内务整得很慌乱，也想挤出时间帮助更多手忙脚乱的同学，帮他们将蚊帐与棉被整到基本定位。

我隔壁的同学 Chad，是个在菲律宾长大的男孩，听不大懂中文，在部队里显得格外不适应，我的英文不错，鼓舞他是我的每日功课，渐渐地，看到 Chad 偶尔在手忙脚乱的限时换装中，幽默地对我吐舌说“It’s damned crazy”（该死的疯狂），我就觉得很高兴。

人会彼此影响，在成功岭上利用残缺不全的时间帮助其他人管理时间，彼此打气，给予积极的建议，而非传授装病跑医务所的秘诀，才是完整的成长。如此干部们的怒目金刚才有意义，而非仅仅是一种精神压迫而已。

在成功岭受训是团体生活，很多事情无法用合理的请求得到许可。不过，也许你说服不了长官，但你可以感动他——只是在那之前，你得先用像样的努力感动自己!

我的脊椎有先天囊肿的问题，从前也没有跑步的习惯，是个运动白痴，在成功岭几乎每天早上都要跑三千公尺，对我简直是无法跨越的挑战。

我在跑步时，历经击掌答数后就已气力放尽，但跑在我后面的大胖

副中队长子见，我欠你一顿饭快一年。

子还没放弃，我又怎么能放弃？我竭力支撑，想着我自己的座右铭：“不是尽力，是一定要做到！”既然我都在演讲中如此鼓励读者，我自己怎能背弃？于是我用这样的信念死咬着队伍的尾巴，偶尔朝后方向那个拼命答数的大胖子竖起大拇指，希望他也继续坚持下去，而竖起大拇指鼓励他的我，更不能竖起白旗。就这样，我每天都要死不活地跑在 A 组的尾巴上，跑着跑着，呼吸越来越凌乱，最后五分钟都在与“我能跟到这里已经很棒了，可以了”的念头搏斗。

每次，都辛苦坚持到跑回中队集合场的那一刻。有意义的事，从来不会是轻而易举的。明天部队还是要跑步，也许中队长还会临时兴起加跑半圈，也许体能测验结束后还是要跑步。也许还有更多的也许，挑战之后还有更多的挑战。我希望不仅我自己可以逐一面对并克服，也希望连很弱小的我也愿意竖起拇指鼓舞后方的同学，可以带动更多人面对挑战。即使跌倒了，姿势也会非常豪迈！

恋爱的小密码

2008.03.15

【ELLE 专栏】

和许多小情人一样，小内跟我之间存在许多恋爱密码。

我为车子取了个名字，叫“人生战斗路队长”，简称队长，captain。

跟队长相处，我有一些小习惯，就是音响的大小声永远只能设定在“偶数”，如果不小心转到奇数，我一定伸手把它上下调整。小内也会帮我。

“为什么啊？”小内有点不解。

“我觉得偶数比较吉利啊，开车嘛。”我笑笑解释。

“那 34 呢？”

“……那就不要开到 34 啊，可以开 32 或 36 就好啦。”

“你好麻烦哦。”

小内抱怨归抱怨，在我开车时还是会帮忙注意音量数值有没有调整到偶数。

下车，关门，要离开时我一定会回头看着队长，说：“Goodbye，captain！”

或更肉麻一些："Take care of yourself，captain！"（队长，照顾好自己！）

或来个热血版：

"Thank you for protecting us. We're brothers."(我的好兄弟，谢谢你保护我们。)

小内见怪不怪后，也会学我向队长说话："再见啰！Thank you，thank you！"

有一次小内很认真地问我，为什么我要为了队长搞那么多花样，我明明就是一个很怕麻烦的人啊！

小内认真问我，我当然很认真回答："电视上不是常常演一些外星人入侵地球，偷偷把人掉包，或是异形寄生在人体里的故事吗？如果我有一天突然没有把汽车音响转到偶数，你就会知道……那个把逼不是把逼，是外星人啊。"

"真的假的？"

"真的啊。"

"你好怪哦。"

"如果有一天我下车，却没有跟队长再见或说谢谢，很可能就是我被寄生了，鼻鼻，那个时候你千万不要犹豫，拔腿就跑知道吗？"

"哎哟！你好无聊哦！"

是很无聊，不过就是无聊才越有情调。有几次我在赶时间，或是正好在跟别人讲手机，匆忙下车后忘了跟队长道别，一旁的小内就会用很古怪的表情看着我，问："把逼？"

电梯门打开。

“怎样？”我进了电梯。

“你没有忘记做什么吗？”小内眯起眼睛。

“啊？”我还反应不过来。

“假的！”小内装模作样地尖叫，“你是假的！救命啊，救命啊……”

靠，我看真的无聊的人是你吧！

你的表情有怪到！

可爱的默契还有好多好多。

不管这个世界怎么穿凿附会我多厉害，例如我可以在捷运上写小说、例如我可以在厕所里写小说、例如我可以在楼梯间写小说、例如我可以在众目睽睽下写小说然后同步将内容投影出来——以上虽然都是真的，BUT！ BUT！强者如我写小说时其实很需要专注，虽然还是可以跟人讲话，但都讲得心不在焉，乱听也乱讲。

如果在约会时写小说，小内跟我聊了几句话后发现我又处于“人际不能”的状态，就会用很可爱的声音跟我说：“好啦，拜拜。”

由于无暇理会，我前几次都不晓得她在讲三小，后来才知道小内说拜拜，是指“你又要去那一个世界了”的意思。

我觉得好可爱。

“把逼，你要开始了吗？”桌子对面的小内，写作业。

“是的，我要战斗了。”桌子这边的我，敲键盘。

“拜拜！”她笑笑挥手。

“拜拜！”我笑笑低头。

就是这么回事，还有好多好多类似的事。恋爱就是细节。细节就是生活的全部。当一个女孩逐渐掌握了我所有的生活细节，不约而同制造了好多好多密码，我知道，我完了。除了继续跟这个女孩制造更多只有我们两人才能全盘了解的小秘密、小暗码、小默契，我没有别的选择啊！

今天发生了
很糗很糗很糗的惨事

2008.03.27

今天接受三立的采访，《台湾亮起来》节目，大概说一些我写小说跟进军大联盟1A测试打击的经历（谜）等等。

我在秀出电脑里的小说笔记跟灵感的时候，一打开电脑，赫然发现屏幕上面有——五支我刚刚抓下来的SOD版的A片预告！还用清晰的图文件形式给我显示出来！

面对靠在一旁，仔细看我献宝的美女主播林毓芝的脸，我瞬间想杀了我自己啊！

雪特（shit）咧！

你愿意喂我血吗？

2008.04.06

【ELLE 专栏】

以下有雷。

刚刚跟小内看完乔许·哈奈特（Josh Hartnett）主演的吸血鬼电影《恶夜 30》，内容讲的是美国阿拉斯加即将进入长达三十天的“永夜期”，畏惧阳光的吸血鬼于是大举侵入，把一个镇的居民通通都吃掉。

我开车送小内回宿舍。

“拍得好真实哦，应该是我看过最好看的吸血鬼电影！”我赞叹。

“是很可怕啦，可是哦，我觉得那些吸血鬼很假。”小内嘀咕。

“假？长那个样子很恐怖啊！”

“可是为什么吸血鬼就一定要讲一些让人听不懂的话，又穿得那么丑？要是我是吸血鬼，虽然有点可怕，但也不想留那么恶心的长指甲，一定会剪好再出门，而且，我也想穿得漂漂亮亮的逛街啊。”小内很认真。

好好笑。

我回想电影里的剧情：“对了，如果我为了救你只好把自己变成吸

香港太平山夜景，很恋爱！

血鬼，那打跑敌人之后，你会叫我去给太阳晒死，还是赶快叫我躲起来？”

“当然叫你躲起来啊！”小内信誓旦旦，“我会每天抽血喂你的。”

我有点感动，说：“反过来，如果你是吸血鬼的话，你会跟我说吗？”

“会吧，反正你那么聪明，一定会被你发现。”

“那你还是想跟我在一起吗？”

“会吧。”小内嘟起嘴，“因为其他人都不会爱我了……”

“哈哈，那我们要讲好哦，在一起是可以，可是你不可以吓我！”

“好。”小内的声音很甜。

“不管我们怎么吵架，不管我怎么凶你，你都不可以突然……吼吼吼地吓我！”我模仿电影里龇牙咧嘴的吸血鬼，“就算我对你大叫：‘有种你吓我啊！’你也不可以用鬼脸吼吼吼生气大叫：‘我就是要吓你，怎样！’”

“好的，没问题的。”小内很珍惜。

过了半分钟，我突然想到：“可是你怎么解决吸血的问题？不管你怎么穿得漂漂亮亮，还是要吸人血啊。”

小内很努力想了一下，有点不好意思地说：“那就去暗巷里杀人吧？”

我嗤之以鼻：“你才不敢。”

“反正我都已经是吸血鬼了，我会努力的……”

“你不会叫我努力考上医学院，当上医生，每天从医院偷一点血浆给你吃哦？”

“不用了啦，我会去杀人的。”小内挥挥手，一副不用麻烦了的样子。

“很 OK 啊，就算我考不上医学院，我也有医生读者啊，我认真写个信请他们每天轮流偷一包血给我，他们应该会很乐意的吧。”我有点得意。

我的读者，一向很讲义气啊。

“他们才不会，因为我是个怪物……”小内假装沮丧，“他们会叫警察抓我。”

“哈哈，也只有我会喜欢你这个怪物啊，我会好好照顾你的。”

“把逼对我最好了，嘻嘻。”小内把头塞过来，我伸手摸摸她。

我继续出考题：“对了，如果有一天郑元畅跑来跟你说，其实他也是吸血鬼，他从来没有遇过别的女吸血鬼，干脆你们在一起好了。你会怎么说？”

小内有点难为情，慢吞吞地说：“那就在一起好了。”

“为什么！”我紧握方向盘。

“因为……同类啊。”小内有点委屈。

这次，换我生气了。

高雄爱河不臭了，有厉害。

我的演讲战斗（1）：一定要听到笑声

2008.04.08

前几天在文华高中，完成了平生第一百场正式演讲的战斗。

一直以来，对于“演讲”都有很多话想说，有的是感想，有的是想记录特别的经验，按照我话说从头的铺陈性格，恐怕要写一系列好长的东西来谈谈演讲这件事。

我念小学时就很喜欢乱讲话、惹人注意，上课常常突然不举手就丢出一句话，弄得全班哈哈大笑（举手再讲的话，会丧失笑点爆发的时间差）。也因此每个星期我都会被老师写好几次联络簿。

往往我放学回家的途中，都会很懊悔我干吗要冒着回家被揍的危险讲笑话给全班听呢？为什么老师明明也有笑，却要这样婊[①]我呢？

到了五年级，功课表上突然出现了两堂“说话课”。

说话课当然不是给大家闹哄哄聊天用的，老师会叫同学上台讲一些每周读物（就是你得针对一本公开发下去、每个人都有的“课外读物”

①婊：在中国台湾地区，“婊”可做动词，意思是使人难堪，有揶揄的作用。

竹东高中，塞爆体育场的大家。

摘录佳词美句、心得感想、大意等创意贫乏的东西）的感想，训练同学对着很多人讲话的勇气，增长经验值之类的。

如果说话课老师干脆逃课跑去跟其他老师打桌球……就会由班长来执行按照号码陆续上台演讲的工作，此时大家就会讲得很快，例如：“我觉得这本书很好看”“看了这本书，我决定从今以后要好好努力用功”，就面红耳赤地冲下台。

若老师在教室后面改作业、压场监督的话，大家都得老老实实地上台讲感想，但效果很差，台下的人绝对睡死一片，唯一醒着的，就是害怕被台上的同学“点到”的人——因为演讲完读书心得的人，可以指定底下的任何人上台演讲。

有的人专门点好朋友（被点到的人：哎哟！你干吗啦！），有的人专门点仇人（被点到的人绝对会一路瞪着指名人，愤怒地踩上讲台）。

有一天，我被点到了。

站在讲台上，看着底下昏昏欲睡的同学，我有种不被重视的屈辱感。

竹东高中的正妹很多。

——那是一种强烈的不甘心。

虽然老师远远地坐在教室后面，但我突然不想说读书的心得感想。反正，那又没有人想听。确定没有人听的东西，我不了解为什么要摆个样子假惺惺地说出来？于是我开始胡说八道。

我用班上同学的名字当作角色名，即兴说了一个荒诞不经的搞笑故事。确切的内容当然忘了九成九，微薄的印象里那是个大家一起在宇宙间旅行的故事。

台下的大家不只是笑，而且是狂笑。不只是狂笑，而且是不断地狂笑。

用大家的名字当作故事角色，也让全班同学很有参与感，不可能有人睡觉，被我说到名字的同学不断在下面拍桌大叫：“放屁！我哪可能那样！”或为了反驳我干脆一直指着自己，说：“等一下换我上去说！换我！”

底下鼓噪不已，而老师似乎一时不晓得怎么处理（大概也觉得热闹点不是坏事吧），便放任我继续把故事说下去。我说完了，故意点了一个被我说成搞笑小丑的好朋友上台，他恼火地接着我刚刚的故事尾巴讲，试图把自己的形象硬拗成比较正常的样子。但基本上还是一个搞笑的故事，大家照样笑得前俯后仰。

从此之后，说话课就变成了搞笑的故事接龙，而我通常都是第一个上去起头的那个人，也尝到了什么叫作“被期待”的感觉。

直到有一天，我在台上把老师的名字也纳进故事里面演出后（我很怕老师一直没有参与感，坐在教室后面觉得被大家排挤了），才被怒气冲天的老师轰下来。这期间我都一直即兴地当众编故事，“畏惧人群”这四个字老实说我蛮不能理解的，因为人群不就是用来亲近的吗?

后来上了初中，班会时间大家最喜欢选我当主席，因为我会把握每个时间搞笑，大家也觉得很好玩。不过高中时我就收敛很多了，唉，因为我受骗，天杀地迷上了努力用功读书这一码事。

阴错阳差，高中毕业后我进了全校都是好学生的交通大学。不管是上什么课，每次课堂报告，大家最期待轮到我登台。我除了必要的“取得分数”外，肯定会加油添醋，鬼扯一堆有的没的，因为我完全无法忍受底下的大家各自在做自己的事，只有老师一个人假装认真打分数这种事。

记得有次我上系上的选修“商业概论”还是“商业谈判”时，准备要上台报告宏基电脑的营销模式前，班上就有点骚动，有人在桌子底下打手机叫逃课的同学快点从寝室冲来教室，因为“今天九把刀要报告”。

十几分钟后，教室里的空位全部被填满。

老实说，按照惯例我除了“真正必须要让教授觉得我有念书的部分”，其余搞笑的部分一律都不准备，因为准备了就太刻意了，我不喜欢，临场发挥才是幽默的王道。

我不负众望，让大家从头爆笑到尾。教授很吃惊，因为他从来没看过有那么多人聚精会神地听讲，笑完之后演讲结束，全班还会鼓掌长达半分钟以上。

教授走向我，难以置信地说："柯景腾，大家都很喜欢听你报告。"

"唉，还好啦。"

"你可不可以每一堂课都报告五分钟，然后我给你学期成绩九十五？"

"不……不要。"

就是这样。我一直以为我不怕人群，我一直误以为我的临场反应就是一切。

我一直偏见地认为"准备充分"会带来"僵硬没有变化"的副作用。

我一直狭隘地假设底下没有笑声就是一场失败的演讲。

直到……

我的演讲战斗（2）：研讨会底下的严肃表情

2008.04.10

谢谢！我有收好！

念了东海社会学研究所，开始有一些学术研讨会得参加，不然就会遭识破“九把刀很废”被排挤。这算是有点心不甘情不愿吧。

我的硕士论文研究方向，是网络文学跟它怀抱里的社群关系（出版社、作者、读者、文化精英、社会大众），所以参加的研讨会都跟这个题目有点关系。托参加研讨会之福，我的硕士论文每次都为了要讲一些不同的东西，而渐渐有了发展。

学术研讨会跟邀约演讲最大的不同，就是可以省下讲笑话的时间。不是不能讲，而是讲了也没什么人笑。

凭良心说，也不是没有人在笑，但真正见识过哄堂大笑的我，只会觉得参与研讨会的听众不过是对我莞尔而笑罢了。

我在报告我的研究内容时，着重的方向是：努力将严肃的东西说得浅白，将有意义的案例说得生动有趣，并反复强调我这次报告内容中最具有创见的几个要点（这个很重要，我无法接受没有真正创见的学术演讲）。

此时底下有几个人并不重要，但我很希望他们即使是被逼着来、被押着来的，在我发表我的研究报告时都能兴致盎然地坐好、眼睛睁大……听众的反应会给我不小的鼓舞，或是扼杀我报告时的精神。

念研究所的期间，借着参加研讨会，我维持着不多、但颇稳定的公开演说的机会。这种演讲的好处跟坏处都是同一个。好处是，底下几乎没有人是我的读者，甚至连网络文学是什么也不见得清楚的学者或研究生，所以我要做的工作就是帮助他们了解网络文学是什么状况、并相信我的研究成果对后继研究者是非常有用的。我只需要专注这点就够了，不用在意有没有人笑。坏处是，由于底下几乎没有人是我的读者，甚至有很多既不看网络小说，也不真正懂得使用网络的学者（他们有的甚至会发表网络文学研究），所以他们基本上没有必要，也没有动机仔细听我的演讲，所以我几乎无法慢条斯理地铺陈，必须单刀直入，才能在投影片启动后五分钟内抓住他们的注意力。

如果我察觉底下的研讨会参与者并没有对我的报告感兴趣，开始闭目养神或根本脑袋就开始进行简谐运动，我会说得很快、非常快，因为我已经事先发了一些研究报告大纲下去，既然你们对我的口头说明没有兴趣，那就回家慢慢自己看吧。

说真的，不同的场合有不同的听众，我的极限很快就自我觉察。

面对毫无反应的听众，我也不见得每次都有兴致战斗啊！

我的演讲战斗（3）：寻找不到演讲的呼吸

2008.04.11

厉害的人也会有很不厉害的时候，如同山王也会输给湘北。

还记得在《卧底》初次出版时（唐庄版本），我跟网络作家windows98跟icecream预备一起出席新书发表会。

我喜欢热闹，不会因为来的人很少就说一些“太好了，我最喜欢温馨的聊天场合了”的话。人少，就算我诚意十足，注定就是比较不high（太诚实了我），人多，就铁定人来疯（不然人多是多心酸的啊？）。为了吸引比较多的人，我特地在网络上预告“我即将在《卧底》新书发表会里赠送大家《猎命师传奇》的第一章：徐福海战篇，限量五十份”，完全就是想爆场。到了新书联合发表会当天，果然来了五十多个人，据说破了那一间金石堂的历史纪录（……怎么那么好破）。

我们几个网络作家轮流对着听众说话，但我完全没有自己想象中的沉稳，坦白说我讲得糟糕透了。糟糕到即使是四年后的现在，我一回想起来还是惊得冷汗直流，这时就会很憎恨自己的记忆力为什么如此强。

当时一紧张，我的呼吸就会灼热，脖子好像拼命往气管挤压，脑子里都充血，而底下的大家脸上的表情好像没有很欢乐，我突然有股压力，变得非得讲一些立刻让所有人眼睛为之一亮的话语。于是我开始说一些我未来想要达到的目标。

全都是鬼扯！！！

事实上，我根本就是一股劲地说一些自我膨胀的话。

我紧张得很离谱……

虽然回想起来，现在的我已将那天自吹自擂的发言，差不多全都实践了。科科科。

后来新书发表会结束，跟网友聚餐的时候我一直觉得很干，偷偷反省为什么我会失去我小时候完全不怕人群的力量？为什么我会因为大家都盯着我看，就爆发式地胡说八道？

那件事变得无解。

短时间内我也没有机会去自我调整，因为没有人请我演讲，新书发表会那种很酷的事也遥遥无期，人群再度离我远去。

大叶大学，我的第一场作家演讲。

总之啊，人要不红，很多烦恼根本不屑找上你。

我想要有这种高级的烦恼，都没门。

2005年4月，有一个网友五样（就是后来设计哈棒帽T跟无惧短T的人）不知道哪一根筋去想到，请我到他的学校大叶大学视觉传达设计系演讲，讲题是关于编剧的种种。

老实说我对于编剧这个行业认识有限，少数几次的编剧经验都让我觉得“还是乖乖写小说好了”。所以我擅自将讲题改成《文字与画面的近亲相奸》，除了分享我贫乏的编剧经验，主要是说明我对电影表现手法的几种方式的想法，以及这些经典的电影如何带给我文字上的创作力量、我受到影响的过程等等。

参加的人不多，因为当时的我还在执行“连续十四个月出版十四本书”的计划，执行到正好一半而已，知名度很烂，说不定听众连五十个人都没有。

然而在大叶大学的处女战我觉得讲得还可以，怎么说都是一场我认真构思过的演讲，只不过这个很不错是建立在很模糊的记忆里的，跟现在比较起来，应该只是勉强及格。

第二场演讲在南华大学，是文学系主办的场子。

据说主办单位有收费，真是不好意思。在那一场里，我首度上菜最重要的几个讲题中的“小说创作三元素”，当时只是个雏形，讲得很生涩，对全场的气氛掌控得并没有很好，只是大家还是给了我超过应该得到的掌声。

在这之后，我不断在很多场演讲中慢慢改革“小说创作三元素”的内容，使它足以在各大文学营里伸张手脚。这就是后话了。

记得这场在南华大学的演讲，面对上百人的大场面，我竟然有点紧张。有几次我甚至忘记调整呼吸，一鼓作气将一句很长的话用不屑逗号的方式说了出来，搞得我自己很喘很喘。很喘很喘时，肾上腺一催动，有时候我会突然迸出一句很精准的、学术研究等级的句子（那个时候我正面临撰写硕士论文的最后阶段），乍听之下会让人听不懂却隐隐约约觉得“九把刀很有深度”，实际上，不过是我用来掩饰自己的不安的护身符。

在当时，我第三个经纪人小炘陪着参加了这两场演讲处女秀。记得在回彰化的电车上，小炘很中肯地建议我：“老大，我觉得一场好的演讲，应该要经过反复不断的练习，不应该那么即兴。”

“可是我很喜欢即兴。”我肯定是皱眉了。

“即兴很好，但一个好的表演者应该要掌握表演的每个元素，他要知道他说了什么话，观众会笑，甚至要知道观众会笑多久。语气、手势、表情，都要练到很精准，那个时候再加一点即兴的东西就很好，会加分，但你连基本的分数都没有拿到，临场反应又怎么会加分呢？”

我的视线仿佛黑了那么一下。

“听起来很无聊耶，重点是那会很刻意，我不想很刻意。我又不是

请原谅我生疏的演讲。

去表演的，我有很多很重要、很厉害的想法想跟大家说，我希望那一些很认真的话可以被听到。”我顿了顿，说出关键的一段话，“很多网络小说家之所以会被看扁，就是他们没有真正有意义的话可以说，只会讲屁话，但我不一样，我很认真，我真的想把握机会让他们知道这件事，然后从演讲里学到一些东西。”

小炘并没有被我说服，远远没有，她说：“老大，你有些话的用词讲得太难了，也许这些话只有你才能讲得出来，别的网络小说家不能，但你有没有注意到，你在讲一些很艰涩的话的时候，底下有一堆人偷偷在睡觉？”

“在睡觉？”我很吃惊，“真的有人在睡觉吗？”

“是、真、的。”小炘非常认真地说：“你没有注意到有人睡着，就是你不够在意观众反应的证明啊。”

“……真的有人睡着吗？”我难以置信。

“他们跟你在参加学术研讨会时的听众不一样，老大，他们喜欢你，所以来听你演讲，今天你很认真地跟大家说如何创作、创作是什么、创作包含了哪些元素，说得很认真很严肃，但大家其实没有那么感兴趣，你想想，怎么可能底下的人都想要写小说？”

“可是我的讲题就是‘小说创作的三元素’啊，难道不该认真说吗？”

“他们喜欢你，所以抱着想要亲近你、多喜欢你一点的想法来听你演讲，但你却一直说一些让他们昏昏欲睡的话。”

老实说，我有点火大。关于睡觉这个叽歪透顶的关键词，我已经听了好几遍了。

“你的意思是，要我对着镜子不断练习演讲，练到每个环节都丝丝入扣？”

“如果你想要演讲讲得好，对，你是应该这么做。”

“……”

坦白说，被纠正这种事真的不好受，尤其不是我没有准备演讲的内容，而是我对演讲的理念跟“演练再三之后的淬炼演出”差之千里，但我偏偏没有足够的功力将我所信仰的“临场反应”的理念漂亮地展现出来，为我的理念辩护。所以我在沟通的气势上输给了小　。

当时，我心中毫不怀疑自己的坚持，并压倒性地认为小炘的建议会把我变得非常匠气。我喜欢写小说，小说贵在千变万化。我没有想到还有另一种奇妙的可能，也还不明白小炘当时究竟在说什么。

第三场演讲在中正大学历史系，主题是历史小说，我定了个题目叫“历史的重新装潢”。当时我刚好写完《杀手，角》，对趣味地翻转历史元素有一点心得，于是也颇有自信地说了一个半小时。那场，我觉得说得挺好，不晓得是不是掌声带来的幻觉，总之对人群的生疏紧张感，在中正大学这一场里好像自然而然地消失了。这肯定是好事。我以为接下来演讲的一切都会很顺利，不料却在桃园巨蛋里举办的国际书展上与作家张耀升聊创作时遇到了挫折。

简单说，就是准备充分的张耀升说得比我好很多，而觉得临场应变就可以了的我讲得零零落落，加上张耀升的声音很洪亮，而我的声音天生就很薄，相比之下气势就输了四五六筹。

这场演讲讲得很烂。

小炘当然也把我刮了一大顿，气氛还有点僵。她除了是我的经纪人，也是我的好朋友，这两种身份同时一直这样刮我，让我受不了。但由于我没有意识到接下来的几年里我会有非常大量的演讲邀约，被刮就被刮了，我也没有打算要在演讲里“变强”，忠于自我毕竟还是比较重要。后来，我穷极无聊在bbs网络上搜寻网友曾经听过的、几个非常知名的作家的演讲，发现有个很有名的女作家被炮轰得非常凄惨。

据说她一直在台上跟同学玩心理测验，玩到后来都没有认真演讲，评价奇低。我可不想被如此评价。我想，只要我很有诚意地、认真说出我想要表达的创作理念，即使底下的同学对什么叫创作完全无感，我对得起自己也就是了。

人生最怕对不起自己啊。

第五场邀约演讲，是素有精英传统的联合文学营的小说组讲师。

说起来有趣，原本我是想报名参加这个文学营的，以一个学员的身份去听听那些作家是怎么建构他们的文学观、他们眼中的创作元素又是什么。但我一有这样的念头时，主办单位立刻就打电话给我，希望我担任讲师。既然有讲师可以当，那我只好放弃当学员了。

话说联合文学营曾经邀请过另一个知名的网络小说家演讲，但反响空前恶劣，于是一度停止邀请网络小说家去演讲的念头。

我会受邀，在当时完全就是荣幸。

永远记得。

那天，下着滂沱大雨。

我的演讲战斗（4）：诚意是王道

2008.04.15

人生如果不来点曲折离奇，就不像是伟人的传记。

我们都不是伟人，但曲折离奇也常常有我们的份。

在我赴会联合文学营的演讲前一天，我第一次开超过三十公里的车到桃园国际机场接我当时的女友毛毛狗回台。去机场的时候一路战战兢兢，出机场到土城毛毛狗家的路上，却是一路哭哭啼啼。

交往七年的我们分手了。

送毛毛狗回家后，半夜，开车技术还很烂的我独自在板桥穿来穿去，很久很久才找到一间饭店住下。夜里我一边整理第二天演讲要用的投影片，一边就是在哭。

隔天中午，小炘带着我后来的经纪人小颖来饭店找我，准备要一起去元智大学开讲。而当时正在拍摄《G大的实践》的导演廖桑跟制片柠檬，早就在元智大学的会场准备要拍我演讲的过程。

那天是台风尾巴，风强雨劲，我因为彻夜哭得太惨太累，眼睛红肿、喉咙哽咽沙哑，只好乖乖地躺在车子后面睡觉，把车子让给安全驾驶的小颖。一路上小炘都不敢多问什么，毕竟我都失恋透顶了，再对我精神讲话也没有意义。

“老大，加油，你办得到。”小炘只能这么说。

“反正我也只剩下小说了。”我缩着身体。

躺在车后座，我觉得很寂寞。

窗外的大雨持续袭击这个世界。

演讲开始，是在一间小小的教室里，人不多，约莫五六十人，但都是对创作怀抱着憧憬的一群年轻人。我以异常残破的体能、远远低于平日水平的沙哑声嗓，放下第一张投影片，红着肿起来的双眼，说了一场改头换面的演讲。

头一次我觉得我可能感觉到了，自己跟前几场握住麦克风的那个人很不一样。从这场演讲开始，我终于在许多人前找到了类似我在写小说时的信心。我想这场演讲告诉了我很重要的三件事：

大家都坐在地上，感觉很近。

第一，这场演讲的部分内容我之前曾在大叶大学与南华大学演说过，不是全然生疏，技术上开始慢慢熟练起来，会抓“点”。虽然我一直强调临场反应才是一场演讲最有趣的地方，但我完全不能否认“熟悉你所讲演的内容”更是确保自信的第一来源，那种熟悉与自信，神来一笔才会特别漂亮，这是小炘一直强调的基本分数。

我可以告诉你很多关于演讲的小技巧，或者一些准备的方式，或是应付突发状况的机智处理的案例，等等，但如果你没有翔实地准备好演讲的内容，我想听众绝对有能力将你一眼看穿。在你被看穿的那一瞬间，我想，你不会还有那个脸谈笑风生，也就不可能有自信……厚脸皮的例外啦！

第二，由于是文学营，底下的听众是对创作非常有兴趣的一群人，对我认真阐述我对创作的想法时，很有眼神上的呼应，跟之前场次的听众有着“听讲目的上的关键差异”。

在文学营谈创作，我肯定不是“一个人”。

第三，更重要的是，我发现当我笃信一件事——“如果我诚心诚意说出我信仰的战斗之道，听到的人一定会深深相信”，如此，我就能胆气十足地站在任何人面前说任何话，绝对不可能畏首畏尾。

第三点尤其重要。对我来说，有没有第三点，是决定一场演讲“还不错”或是“真的是超棒”的关键分野。

有些人说话时有股很强大的自信，是因为他们拥有很强的专业实力，蠢如郭靖到功夫学校里教降龙十八掌，也会因为他太强了而很有自信地比手画脚。或者有些人，能够经过千锤百炼的演练，进而迸发出征服观众的说服力与渲染力。针对更多天生就厉害的人，我可能无法说什么。但有一点我是绝对相信的，就是强大的诚意带来极大的力量，即使你拙于言词，还是有机会能让观众感染到你所有传达出来的意念。

一场演讲下来，如果我无法让底下的听众知道我是个很诚恳的人，那么，这就是一场失败透顶的演讲。我宁可不要“九把刀很好笑”“这场演讲爆点超多的”“九把刀是个幽默的人”“九把刀超敢的”之类的实践大学演讲。

评语。我诚恳，所以我要“九把刀很诚恳”。

“那么，如何表露诚意呢？”你问。

“如同我无法教你走路，”我承认：“我也无法教你表露诚意这么简单的事。”

联合文学营这一场演讲，就连龟毛的小炘也很满意。

“我觉得这一场……很好！”拍纪录片的廖桑，放下摄影机。

我自己也很满意，但，没有高兴。

因为我太寂寞了。

回家后我开始思考。不同的听众，不只在沟通的技巧上有所区隔（后来我在初中演讲、在高中演讲、在大学演讲所用的词汇都不一样），甚至在讲题上也应该有根本的不同。毕竟除了在文学营那种少数的场合外，不可能，或者该强硬地说“绝不可能”每一个坐在底下听演讲的人，都对创作感兴趣（小炘也提过）。没有错误的听众，只有错误的讲题——我这么结论。

是的，我很会写小说。但我的人生还有很多精彩的烟火。我想，我很需要一个“跟小说创作乍听之下完全无关的、有趣的人生讲题”。

在当时，我最爱的妈妈重病，我爱的女孩转身远去。我的人生一团漆黑，一步向前，是伸手不见五指的痛苦深渊；后退，却又无路可退。

于是——人生就是不停的战斗。

最右边是前经纪人小颖。

为什么要反对韩国人合法化吃狗？

2008.04.15

《自由时报》投稿完整版

我在博客上公开干剿韩国人试图合法化吃狗，引起一阵正反双方的讨论。

以辩论的角度来看，这件事如果就国家层次来说，的确没什么好说的，根本不必谈。如果韩国人要立法：从此棒球三振出局改成四振出局、四坏球保送改成七坏球保送，那也是人家的事——除非他们要强暴国际棒球协会（有这个协会吗？）把国际赛的规则弄成他们想要的畸形模样，否则你管他去死？

不过，某些事情尽管是人家国家的事，但关系到了全世界，就不能不管，而且要努力地去管。例如美国他妈的一直不签《京都议定书》，不停排放比其他国家更多的工业废气，把地球烧成火球。是啊，美国不签就是不签，这是别人国家的事，你管得着？美国人大可以用鼻孔跟你说："靠，你那么关心地球暖化，不会自己再把废气排放的额度往下调一倍，这样就可以弥补我天天狂排废气的部分啦！不要？那你关心地球不就是关心假的吗？"

如果南美国家突然决定，为了增加国民生产毛额，决定把国境内的热带雨林统统砍掉卖掉，其他国家会怎么想？百分之百一定跳起来大叫："别这么干！我们付钱给你！”所以有了碳额度的分配与买卖。

也就是说，有些事明明就是别人国家的事，但你就是会很不爽。

有些情况不只你不爽，常常还有别的国家更不爽，不爽到出动舰队跟坦克把一个国家打到瘫痪。

如果你说事情有分轻重，重要的国际社会就该管，不重要的国际社会就放它一马当它是别人国家的家务事？或许事情的真相就是如此，我也部分同意这样的论点。既然文化有差异，有的时候我们的确该尊重人家的文化，

柯鲁咪异性缘很好。

小内很疼柯鲁咪。

例如：

一、伊朗有个女孩被一堆臭男人轮奸了，失去了宝贵的贞操，于是法庭判她死刑。这是人家伊斯兰文化之一，你管这个女孩去死？

是这样的吗？

文化差异是这样用的吗？

二、非洲习俗里女孩必须接受“割礼”，也就是将阴蒂血淋淋地割除，这些少不更事的女孩不仅得承受身体被切割的痛苦，也失去了自慰高潮的权利。这是人家非洲的文化。靠，你管那些女孩去死？

是这样的吗？

文化差异是这样用的吗？

也许以上两个案例的答案，你都可以同意，说这也是没办法的事。但我通通都不同意——事实上就是这么简单。于是我为我想保护的东西发声、出力、吆喝大家一起来做些什么。

很多事情可以辩论，通过辩论得到一个“解决”、一个“胜负”，但不会有“共识”。不过就是我辩输了你，或是你辩输了我，输的人比较丢脸，赢的人觉得很爽，但实际上歧见仍在，而事情最后的走向就得看谁掌握了权力，或舆论怎么影响有权力的人作出改变。

在辩论的层次上，你可以皱着眉头说，啊，为什么大家都吃牛猪鸡鸭鱼，却独独针对韩国人要合法化吃狗这件事义愤填膺？

你会双手叉腰质疑，狗是人类的朋友，但也有很多人养猪当宠物，也有很多人养鱼当宠物啊，但你们为什么不顾及到那些人的感受，还要一直吃猪跟鱼呢？为什么你们就独独保护狗呢？

是，你说得没错，我们就是偏心。

我们就是爱狗，所以不想让狗被人吃，不想看到狗一条条被吊起来割喉，尤其是一个不需要吃狗、肉类蛋白质营养也不虞匮乏的韩国，我们真的无法坐视你们公然合法化对狗做如此残暴的事。

就算我们在辩论上狂输给了韩国政府跟国际吃狗人士，我们还是会继续干劁下去，制造强大的舆论对抗我们无法苟同的“文化差异”。我们不是为了“想之当然对的事”战斗，而是为了“保护我们想要保护的东西”而战斗，这么简单的心情，很难理解吗?

想保护猪的人，就站出来。想保护鱼的人，就站出来。

每个人都该为了他认为值得的事，挺身而出。

无论如何，我想在回家被我的肥拉布拉多兴奋地扑倒时，能看着它闪闪发亮的眼睛，温柔地说：“我没有沉默，我有站在你这边哦！”

我走了，故事会留下来

2008.04.16

老实说最近的肚子又开始变大了，人类的惰性真的不可以轻视，只要一个星期没有跑步，下个星期很可能还是不会跑，再下一个星期，那就肯定肯定不会跑了，然后下一个月根本就是在狂吃。肚子肿胀的迹象明确地提醒我，我快要退役了。

人生有很多阶段，有些阶段你无法好好规划，或者，规划了也没有用。时候到了，接受它就是了。我爸爸以前老是叫我念个博士好教书，或是考个公务员过点收入稳定的人生，但我的个性崇尚自由，兼又觉得循规蹈矩的人生绝对有害我梦想的实践，于是从来就没考虑过那些需要牢牢坐在椅子上的工作。

服了“替代役”，上天阴错阳差把我封印进了乡公所，当一个伪公务员。在二水乡公所只有我一个“替代役”役男，我有一张属于自己的桌子。

为了健康，桌上肯定有一大瓶矿泉水，在下班前把它喝光光也算是我的任务。抽屉里是跟我不熟的文具，一沓旧到边角都卷起来的公文，很多张没有写上标题提示的光盘，一台速度很慢的、疑似中毒的台式电脑。桌子底下有一台电风扇，只要有上班，不管冬天夏天它一定会对着我的脚吹，驱赶不分昼夜“性骚扰”我的小黑蚊。电风扇的成效始终有限，于是我随身携带一罐辛辣的蜈蚣油，每个小时都要抹它一次，熏都熏死了。

二水近年来致力发展观光，所以我的工作内容除了营销二水，协助乡公所办各种活动外，在网络上潜移默化大家对二水的认识更是一大重点，同时我也写了一个关于二水乡野传奇的小说——《跑水》。渐渐地，透过媒体，透过博客，透过书序，越来越多读者知道我在二水服役后，乡公所就变成了二水观光的一大景点。自然而然，服务从各地前来的读者也变成我的工作内容。特别遇到暑假与寒假，就是我服务读者兼观光客的“旺季”，许多不用上课的读者会跑来二水乡公所找我拍照签书，一天之内常常有五六批访客，绝大多数都相当有礼貌，知道我喜欢喝咖啡，于是有时候我的桌上会有三四杯咖啡；知道我喜欢正妹，于是一行访客中经常可见正妹的身影（嗯、嗯、嗯、嗯，真是好样的）。公所的阿姨也很好客，都很热情地招呼大家，帮我们拍合照。由于总是有公务要做，我蛮害怕读者来了就不知道怎么说再见，一直趴在我的办公桌前聊天不走，于是都很热情地推荐他们去火车站附近租脚踏车，然后攻上松柏岭看台湾猕猴。毕竟九把刀只有一个，但猴子满满的整座山，与其喂食越来越胖的九把刀，不如买一堆香蕉去吃给猴子。

“为什么要吃给猴子看？”每个读者都很困惑，“我们不鼓励喂食野生的猴子，那会使它们丧失求生的竞争力。不过你要是空手上松柏岭，那些猴子才懒得理你咧！猴子才不会巴着、跟你讨背包里的《猎命师传奇》看，所以你还是要拿点水果吸引猴子接近你。”

“接近了，然后呢？”

“然后就当着它们的面吃香蕉啊！”

“……这样它们不会很生气吗？”

“会啊，所以要小心它们攻击你。”我很认真地说，“当着快抓狂的猴子的面，冷静地把香蕉吃光光，是一种很酷的挑战。”

其实松柏岭上面有一对很猛的夫妇，每天都会载一大箱的水果上去喂食猴子，他们的理念自成一套说法：这些野生猕猴当然搞不懂哪些水果是人类种的、哪些不是，所以经常闯进果园里觅食，导致受到猎捕器的伤害，严重者甚至会失去手脚。于是这对夫妻决定定时喂食这些野生猴，当它们食物不虞匮乏，就不会闯进人类的果园里侵害果农辛苦栽种的成果。我不是很认同，但也尊重他们的想法。这对夫妻还很勤劳地帮那些猴子拍照、建档，乃至起名，非常有趣。

表面上，我驻守在二水乡公所犹如死守四行仓库，但常常我有种错觉，我的“替

我的地盘。

代役”守备范围似乎涵盖了整个台湾，而不仅仅是二水。很多学校知道我处于特殊的服役状态，于是会寄公文到乡公所希望借调我到他们的学校进行演讲，这招聪明又热情。很多人肯定会想，九把刀可以出去演讲，一定过得很爽，但这样想就暴露出严重的无知了。比起待在乡公所四平八稳的位置上吹电风扇，四处演讲反而非常非常的累（花莲、高雄、台北等超过两小时车程的地点比比皆是），但我想，退役之后将由我的经纪公司重新接管我的活动，经纪公司提出的费用肯定无法尽如这些学校的算盘，尤其很多初中高中僻处资源稀少的地带，学生普遍缺乏文化刺激，又缺乏充裕的演讲费用，如果我能够借机用演讲鼓舞他们战斗的意志，聊聊梦想，谈谈阅读与创作，对彼此都是难能可贵的经验。

我想通了之后，也就将“替代役”时期的邀约演讲当作是公共服务，只要我的时间没有问题，都很努力地配合这些发放公文的学校。为了避免叽叽歪歪的争议，扣掉交通与住宿所需的费用，其余所剩的讲酬几乎都回馈给了乡公所或捐给公益团体。

这是很神奇的经验，以后不可能再复制一次如此密集的演讲行程。不管事隔多少年，在我回忆起“替代役”的生涯时，一定会很吃惊自己在服“替代役”期间，居然进行了五十九场的演讲服务！希望不只是对我，对那些邀约我的学校来说，同样意义非凡。

我离开二水，几乎到了读秒阶段。一想到我的油门一踏，下次再回来时已是好久，心中的感受就越来越复杂。经常光顾的三间早餐店，一家卖巧克力土司，一家卖炒面，一家卖十元一大包的温豆浆。每一间都很好吃。唯一一间有冷气的便当店里，我总是一边吃饭一边看《苹果日报》。

有种踩我啊！

超级大的四层楼，却只有我一个人住的“替代役”宿舍，有冷气、第四台、绿色的楼梯灯，还有一个超大的虎头蜂窝，没有鬼，我很确定。负责料理我头发十个月的田中理发店，柜台后面有我的签名。跟老板越来越熟的漫画店，中午吃完饭常往那里的沙发上塞。乡公所三楼的会议室里，多少校刊社的学生都在上面练习发问。常常帮我免费洗车的加油站，热情的小弟总是神采奕奕地大声向我打招呼。

不是不舍，也没有沉重，因为在这里的回忆不是包袱，而是嘴角上扬的角度。三百天过去了，二水是一个美好、悠闲的人生逗点。小说家的人生旅行，注定就是一串又一串的故事。我走了，《跑水》会留下来。

再见啰，二水；再见啰，亲爱的公所阿姨们。我会带着下一个故事，到另一个地方继续战斗，燃烧更多的回忆。

再见啰。

再见啰……

以后没那么容易被找到啦！

妈妈带女儿来。

小内拍的，只好用了。

灵魂里
最柔软的地方

2008.04.18

很多事情的出发点，是讲感情的。不见得每个受到瞩目的社会议题，你都会感兴趣，一方面是能力的问题，一方面就是个人兴趣与人格特质的问题。

能力问题就是，我对全球暖化议题其实无法产生有效的力量，所以我就只是支持节约能源减碳，行动上赞成，但在发声上就交给对这个议题有“狮吼功”的人。

个人兴趣就是，我对全球食品的价格节节高升没有兴趣，对石油的期货价格屡创新高所造成的经济冲击没有兴趣，所以我一次都没有在网络上提过这些事。但这两件事不重要吗？重要，但我没有发表言论的兴趣。我对狗怀有情感，所以我对狗的议题很有兴趣，也希望自己在这方面有能力，于是我会试图参与这类的议题发声。

在之前的《为什么要反对韩国人合法化吃狗？》里，我做了几个有结构的、说法上的推演，为了要反驳两大“不反对韩国人合法化吃狗”的理由，这两大理由分别是：

很灿烂的笑哦！

1. 那是别人国家的事，你管个屁。

2. 那是文化差异，你要晓得尊重。

请注意，在那篇文章中，我的辩论策略，不在于所举的例子（《京都议定书》、伊朗强暴、非洲割礼）是否跟“人吃狗”有关系，而在于反击以上的两大层次的理由都不成立——在某些特殊的情况下，我们会很想干涉原本不关我们事的人与事。但我也爽快承认，我对于狗的情感才是我发声的目的，但也因为毫不讳言这个内在价值，所以很多人都刻意忽略了以上两个辩论策略，让我觉得很度烂。

原本我不打算就这件事采取辩论等级的论述，但：

第一，我发现，很多闲人会为了辩论上的口舌兴趣，在这个议题上作出“思考”。这些辩论性质的文章底下，往往都会出现：“关于是否应该反对韩国人合法化吃狗，显然还有思考的空间”这类看似面面俱到、实际上一点建设性的意见都没有的说法。

——这就是我曾提过的假知识分子，没有中心思想，没有自我价值，只会皱着眉头

Puma，二哥哥很想你。

装有学问，实际不过嘴炮一枚。

第二，我非常讶异，与我一齐站在反对韩国人合法化吃狗立场的人，普遍缺乏中等以上的辩论能力。我以为这方面的论述已经很完整了，并不需要我，但好像并不尽然，或者拥有那些论述能力的人并没有足够的点阅率让他们的说法传出去，所以搞得我也不知道你们都说了什么。

——那么，没关系，我可以先当第一个。

以下是纯粹为了辩论上的需要而产生的一篇文章。毕竟如果我不爱狗，就不会有上一篇跟这一篇。

第一，吃素没有比较了不起，那只是你的选择。大自然食物链的运作本身就非常复杂，如果你认为一个生物的生存之道不应该妨害到另一个生物的生存，于是你吃素，好，那是你的选择，仅仅如此而已。因为大自然里有很多很多很多动物都在忙着吃另一种或数十种其他的动物，纯粹吃素的动物，我想反而占非常少数（若不是，我接受纠正）。

老虎吃羊，也是大自然的一部分，蛇吞老鼠，螳螂捕蝉，都是大自然运作的机制。你要规范老虎、训练老虎吃素，更有着先天摄食、消化构造上的不可能。人是杂食性动物，我想有一定的道理，或许可以增加我们的生存概率。

第二，许多吃肉的文明国家都有法律规定，你可以吃，但不允许虐待动物。

如果你倒提着一只准备拿回家做成三杯鸡的活鸡上街，让鸡痛苦，你犯法。

如果你用空气枪射瞎野狗，犯法。

如果你用空气枪射瞎你自己养的狗，没有比较厉害，还是犯法。

如果你用乱斧砍死一头食用肉牛，是，它本来就是养来杀的，但你还是犯法。

表面上这是保障了动物不受虐待的权利，实质上，这是人权的特殊衍生。

为什么？干人权屁事？

因为我们接受这些动物因为要被人类吃而被杀掉，如鸡鸭鱼猪羊，所以这些动物其实没有“绝对生存”上的法律权利！比如你开车不小心撞死一只流浪狗，绝对没有法律可以控诉你谋杀狗，因为它死了是一场不幸，说不定你还得去收惊。但，如果你故意开车冲撞一只流浪狗，即使它没有主人，你还是要吃官司。

结论来了，就是大多数的人无法忍受有些人虐待动物的行为，认为不管是眼睁睁看到，还是从电视上看到转播，还是从报纸上看到文字转述，我们都感到非常不舒服与不痛快，很度烂，于是我们大张旗鼓立法保障了动物不能被虐待的法律。

请问，你反对这样的法律吗？

如果你反对，觉得虐待动物根本无关至高无上的人权，虐待一下哪有什么关系（禽兽父亲：“告我性侵？我干我自己生的女儿算什么性侵！”的等级，差不多等于禽兽主人：“告我虐狗？我切掉我自己养的狗的阴茎，算什么虐待动物！”），嗯嗯，那我们之间没得讨论，**就算你赢好了，反正你没人性嘛！**

如果你跟我一样赞成这样的法律，那我们都有最基本的人性，无论你是否接受我所声称的“**这个法律，其实是人权的特殊衍生**”，我们还是可以继续讨论下去。

很多人好奇，如果狗狗不是被韩国人残忍地吊起来割喉杀死再吃掉（我们得到的信息就是如此），而是被良好地大量养殖，再施予痛快的电宰，是不是就符合人性，然后就可以吃？

我想此时，应该有很多人动摇了。

“刀大！我觉得这样就可以吃了耶！”你心里觉得不对劲，但还是忍不住说。

好的，别急，这种场面就交给我。

我们会吃电宰猪，但老一辈的我们的先人，在很久以前不管牛是怎么被宰的，他们就是不会吃牛。为什么？不用说你也知道，因为牛在农业社会里，可是我们的好伙伴！出于一种乡下人朴拙的义气，我们的先人无法说服自己吃牛，就算因为生活拮据必须卖牛给有钱人家吃，还是可以从很多民间故事中知道，那些把牛卖掉的农家都是哭哭啼啼、像是要把家人送去活宰一样痛苦。

至今很多农家即使使用机械取代了耕牛，他们还是没有吃牛的习惯。

当然，我才不会拿这一点类推到狗身上，当作是辩论的重要策略，但不可忽视的就是“**在特殊的情况下，人类跟动物讲义气不是一件很稀**

奇或很奇怪的事”。

忘了在哪里看过一句话，依稀是国家地理频道，像是说：**“人类之所以是万物之灵，是因为人类有能力保护所有的动物。”**那句话不是说人类不应该吃肉，而是在面对全球暖化引起的生态浩劫上，人类有责任，也该付出努力对抗北极冰融。

那句话让我很感动。

头一次我觉得人类有点……了不起。

我会很想你。

作家可以使用很多种语言，告诉你人之所以为万物之灵，跟其他的动物不一样的关键特质是什么。

讲再多，其实人类有的特质，如懂得道歉、懂得羞耻、懂得反省、懂得讲义气、懂得背叛、懂得孝顺等等，许多动物或多或少都有。

说到底，其实不过就是人类比较聪明。

人类会跟动物讲义气，但，你我都知道，动物也经常跟人类讲义气，甚至比人还要懂得什么叫忠诚。例子不胜枚举，动物新闻也经常可见狗救人、人救狗；马助人，人助马；人养鬼，鬼报恩（喂！）。

狗跟人之间共存互助的历史，任何人类学家都会跟你说，早在文明开始前就已经发生了。随便 google 一下就找到这篇：

http://www.sciscape.org/news_detail.php?news_id=884（《生物：狗的起源与进化》）

详细的时间是个谜，但人类极早就驯养了狗，支使狗从事各种危险的斥候①、攻击、守卫、狩猎、追踪等工作，差不多已是科学性的事实了。

到了今天，狗还是在人类社会中从事许多工作。缉毒犬，帮助我们对抗邪恶的毒贩；军犬，用肉身深入地雷满布的区域寻找危险所在，也是任务之一；雪橇犬，在高山各种奇怪的地形中照常奔跑，除了大便比较多，还无碳污染；治疗犬，在医院里跟失智老人、自闭儿、长期卧病的小朋友玩耍，帮助他们增强人际互动中的自信与打发寂寞；导盲犬，几乎无可取代的忠诚家伙，必须严格训练，抗拒街道上千奇百怪的诱惑，帮助主人安全到达目的地，即使沿途受伤了依旧面不改色；看门犬，帮助无数民间工厂、家户、杀手家族警戒小偷与强盗跟无聊的人，多少乡下的看门狗被无法得逞的小偷下毒报复而死；末日犬（请参考电影《我是传奇》），这是标准的意识形态的极致，意识形态往往反映了人类的情感需求，在他妈的全世界都死光光的孤独末日里，我们还是想要有一条狗陪伴啊。最多的是家犬（柯鲁咪肥肥的看起来非常好吃）。

有大量的人养小狗陪伴自己对抗寂寞（多少现代夫妻并不打算生孩

①斥候：古代的侦查兵，源于汉代，因直属王侯而得名，是非常重要的兵种。此处应指侦查、候望的意思。

子，而是养狗），有很多家长养狗以教育小孩何谓生命教育，许多人由于同情心发作而认养流浪狗以防止它们被安乐死。也有许多人莫名其妙就被送了狗，于是傻傻地一直养下去。

狗不仅在工作职司上与人类紧密结合，情感上更实质成为人类特殊的伙伴。在数量上，历史里从未有一种动物像狗一样，与人类“结了盟”。

从职司上，人类当然不会杀死并吃掉警犬、军犬、雪橇犬、看门犬，但人类或许应该因为有这么多只狗努力为人类服务（报酬仅仅是有吃有睡，偶尔抱抱它、说它好），爱屋及乌，让它们的同伴拥有不被杀死吃掉的“豁免权”。在人类的神话里，偶尔可以见到相似的“契约”。**人类学里的“交换”，也有一定程度的相似。**

这是从义气出发。

你可以不同意，但这是我跟很多人的想法。

从情感上，我认为既然有如此大量的人爱狗，或是有很多人出于非理性的同情（但这种非理性并不具有攻击性），所以不想狗被吃掉，也是一种人权的特殊衍生。所以注意了，这也是一个人权问题!

这是从人性出发。

你可以不同意，但这是我跟很多人的想法。

说一个小故事。

一个七岁的小女孩跟妈妈搭机去韩国玩，在首尔机场通关时，小女孩看见一条缉毒犬在行李运输道上嗅来嗅去。

小女孩忍不住问：“妈，那只狗狗在做什么？”

妈妈说：“狗狗在闻啊，在闻有没有坏人在行李里面藏坏东西哦！”

机场咖啡店里，一条导盲犬领着盲人走近柜台。正在吃蛋糕的小女孩觉得很新奇，蹲下来用手中的小饼干逗弄导盲犬。

妈妈赶紧阻止：“不可以逗导盲犬玩哦，这样会害它分心，就不能好好带眼睛看不见的叔叔走路了哦！”

小女孩赶紧把手缩回来。

突然间，远处有个人大叫：“有扒手！”

人群瞬间躁动了起来，一个拔腿开跑的小偷几乎就要冲出机场大门。警哨声响，一道低矮的黑影炮弹般冲出，适时扑倒了得手的扒手。围观的人群掌声四起，对着一条黑色的德国狼犬吹口哨叫好。

“妈！那只狗狗好厉害哦！”女孩惊呼。

“那是警犬，看到它要敬礼哦。”妈妈温柔地摸摸小女孩的头。

搭出租车离开机场，到了首尔市区。红绿灯，车暂停在斑马线旁，小女孩突然看到旁边有一间狗肉店。触目惊心的图片招牌，小女孩傻傻地问：“妈，那是什么？”

妈一时没有察觉，脱口而出："那是卖狗肉的。"

小女孩呆住了。

妈妈也怔住了。

"妈，为什么狗狗那么帮我们，我们还要吃狗呢？"小女孩怯怯地问。

如果是你，怎么答？

你要怎么告诉你的下一代，人类可以轻易背叛正在跟他们讲义气的结盟伙伴？

再来，你问我为什么独独是狗可以做那么多工作？

狗的鼻子并不是最灵的，狗的脚程也没有豹快，狗游泳的本事没有海豚棒，狗的力气也没有猩猩大，狗的智慧也比不上猴子，那么，为什么是狗？随便 google 一下就找到这篇：

http://www.sciscape.org/news_detail.php?news_id=1121（《生物，为什么狗特别讨喜贴心》）

当然，很多动物，如马，同样也在人类世界里担任某些功能性的工作，如果你认为大家也不该吃马，好啊，我同意你，我们一起不吃马。

如果你进一步拍桌子大吼，要是大家都开始训练猪取代狗的工作，甚至是与人之间的伙伴关系，那以后大家都不吃猪了吗？！好，我也可以爽快地同意你，我们一起不吃猪，就这么简单。

这场辩论快结束了，我们再来谈诉求问题。

通常诉求伴随着"反制"的行动，这个反制的行动常常跟你的诉求能否达成有着紧密的相关。

有时候，你提出的反制行动很激烈，会迫使对方改变行为。但有时候则很不幸。

今天，我们采取一个人写一封信给韩国总理李明博的方法，请求他不要合法化吃狗，为我们想要保护的伙伴尽一份心力，请问——我们提出了什么反制？

我们提出了什么反制，让韩国人觉得我们在压迫他们？

我们可曾呼吁大家别买韩国货？

我们可曾呼吁抵制韩国艺人？

我们可曾在大街上烧韩国国旗？

我们可曾要求阳建福在奥运上对韩国打击者一律投触身球？

没有。

都没有。

我们不过是声嘶力竭地反对！我们响应一人一信！

我们公开指责韩国人没义气、不文明、残忍，这种程度的反对跟语言暴力乍看很像，但完全不是一样的东西。难道我要说："我觉得你们吃狗肉，不是很好耶，可以不要吃吗？拜托一下啦！"……好娘炮啊，什么鬼啊。

绝对，这是最低程度的抗议，几乎跟表达意见、表达情绪没有两样了。

每个人都该有他的核心价值，我可不想效法假知识分子，以冷笑为生、以素食主义为最高指导原则、以驳斥他人言论为乐。他甚至也有养狗。

对假知识分子来说，说一些听起来有道理的话，比他们相信什么还

要重要。

对假知识分子来说，博客上的人气数值，比他们相信什么还要重要。

对假知识分子来说，把吃狗或不吃狗当作辩论，比他们相信什么还要重要。

所以我们可以看见无数假知识分子可以热泪盈眶地大吼：“虽然我不同意你们吃狗，但我誓死捍卫你们吃狗的权利！”

很抱歉啦，对我关心的事物，我是行动派。

如果你们想要的是一场辩论，我给你们。

接好了。

最后，无论什么理由，人类以私欲为出发点饲养宠物，不管是出于哪一种类型的欲望，某种意义上就是一种残忍，因为动物生存在大自然里好像才是一种正常，不管你养的东西到底是什么。

我很大程度上同意这种看法。

我甚至也可以从此不养狗，我也可以发动诉求请大家从此都不养宠物。

但我必须很真诚地说，我灵魂里最有价值的地方，是因为养了十四年的Puma后才慢慢柔软的。

有很长一段时间，面对一个假设性的问题：“如果你能搭乘时光机，你会回到生命的哪个时间点重来一次？”

我都耸耸肩，骄傲地说：“都不会，我就算错过了什么，遗憾了什么，我也承受得起。”

但两年前，我终于有了新的答案。

如果我能搭乘时光机重来一次，我要回到垂死的 Puma 身边。

我答应过它无数次，我要亲手合上它的眼睛，不会让它寂寞。

我没有。

我一直都很痛苦。

我不是生来就很会战斗，我很怯懦，逃避经常是我的第一选项。

但这次不会。

巨大的 P.S.：

统整以上，论点可以归纳为：狗长期被多元的大量工具性使用，若吃狗，将妨害我们对下一代的生命教育。不吃狗，也是一种人权（特殊衍生），而这种人权已有既存的立法（重点）。我们对其他大量协助人类社会的动物，也愿意采取一并禁止食用的立场。

我们没有压迫韩国人，因为这个诉求没有反制，这是一种最低程度的意见表达。

这一篇截然不同之前那篇，这篇是有完整论述的，别因为我最后一段感性结束就可以乱栽赃这是一篇情绪文。

九把刀“砍”电影：《情非得已之生存之道》之“人贱天不收”

2008.04.23

在台湾，要拍一部电影出来，可以逼得一个导演说出很多关于理想的句子。没有理想，也得学会假装。毕竟不天真一点，是完全没有办法碰电影的。

其实，想拍电影的人一直很多。电影几乎是每一个拿着摄影机的人或站在摄影机前走来走去的人，最终极的梦想。

“某某电影的灯光，是我负责打的。”笃定是灯光师自我介绍最爱用的句子。

如同——

“某某电影的配乐，是我负责弄的。”笃定是配乐师把妹时最上口的话。

如同——

“某某电影的服装，是我负责盯的。”笃定是服装设计洋洋自得的口头禅。

如同——

“某某电影里的三百七十人，都是我一刀一刀教刘德华怎么杀的。”一听，就知道是出自武术指导。

更何况是导演。

一个导演，拍广告、拍MV、拍电视剧，不管拍了多少年，从摄影机后面赚了多少钱，这辈子没拍过电影，心中肯定有个缺口。这个缺口终究得填补起来，不是因为拍过电影的导演一定高出没拍过电影的导演一个头（要是你一直拍烂片也没多了不起啊！），而是因为每个导演百分之百都喜欢看电影（如果你是个导演但你却不喜欢看电影，欢迎炮火四射干剿我的以偏赅全），此生不断被许多电影导演深深打动。

而任何自认有才华的导演，绝对抵挡不住亲自拍一部电影自我验证一番的诱惑。

至于明星。

不是要否定乡土剧、八点档或偶像剧里的演员，但电影演员就是不一样。

有机会，每个演员都想拍电影，毕竟镜头刻在电影明星身上的力道，就硬是比较深刻，感受力特强。黑暗中唯一允许的巨大光亮屏幕，有希望成为演员的“生涯代表作”。

当演员，大家都是人，在变成明星前所过的生活想必也差不了多少，虽说个人特质、气息风采、演技、乃至运气际遇都很重要，但电影明星当然是镜头“慢慢制造”出来的。

慢慢制造的意思，意指有很多的机会放在这些明星或准明星的身上。

太多人说，电影最需要的就是明星。在这太多人里的许多人说，在亚洲，真正的电影明星，几乎都集中在香港。

日本有很多杰出的歌手、电视剧演员，但电影明星?

韩国有很多杰出的歌手、电视剧演员，但电影明星？

日本跟韩国都是富裕的国家，但不大量拍电影，哪来的很多电影明星？

许多人会说质好比量好来得重要，但现实是："没有量，就没有环境。"没有环境，就难以培养一流的技术人才。

什么都可以变得出来的技术团队，就是支撑起电影工业的大功臣。

用简单的分子分母的数学观念就可以轻松知道，是的，大量拍摄的电影工业，乱七八糟拍出的烂片也多，这就是大家熟悉的成语"粗制滥造"的用法。

但毫不意外，大量拍片的结果，迸出的经典佳作也肯定很多，比起台湾"小而美"的拍法，前者养出的人才不知多了几十倍。电影工业与更大的娱乐产业环环相扣，互相辉映，靠这行吃饭的人才更丰沛，这些人才又养好、养肥了这块大饼。

我小学六年级去电影院看的电影《笑傲江湖》（当时是我爸带我们三兄弟去看的，因此我没能去隔壁厅看周润发的《赌神》，心情大受影响），几乎没有电脑特效，简单的钢丝特技就帮助许冠杰在草上飞来晃去，没有奇怪的合成声光，几个飞沙走石就将剑气拍得热血沸腾。对白虽然没有到流传千古的地步，但即使是我也忍不住看一次叫好一次。电影配乐那就更不用说了，完全就是灵魂。

这是导演胡金铨的功力，更是香港电影工业的技术能力。

曾经在一篇报道上看过一个说法，就因为台湾有很多人想当导演，于是一学会了掌镜，就急切地想要自己上。所以台湾有非常多跃跃欲试的新锐导演，却没有足够多的成熟、出色、专业的技术性幕后制作。

我对电影圈的了解仅限于我与电影人的相处经验，但传闻与耳语听多了，这篇报道的说法倒有几分正确。如果你是一个很棒的技术人员，我想你在这一行里可以吃到的工作配额，应该比一个想当导演的人吃到的多。

前天，跟小内去看了钮承泽导演的《情非得已之生存之道》（下简称《情非》）。

从挑选戏院这一点开始，就知道本土片生存不易。因为根本就不必挑戏院。彰化没有上映，厉害如台中也只有德安华纳威秀有在放。

《情非》有两个主题，这两个主题用白话来讲，就是“拍电影好不踏实”跟“真抱歉我压力好大”，两句话合成一句，就是：“人贱天不收”。

很好看，合理票价两百块（新台币），值得推荐。

打着伪纪录片的旗帜，但其实整部片完全没有“视角上的必要”采取摇晃的纪录片式镜头处理，我想伪纪录片应该是误植，只是这部电影剧情里要处理的一个点。然而这样的拍法自然有种接近真实的趣味。

我们拍电影常犯一个毛病，就是对白蹩脚，根本不是我们日常生活里会说出来的话，所以听起来很矫情，很假，没办法投入。《情非》的对白则很贴近我认识的这个世界，里面有大量的粗话、脏话，也很贴近我所认识的——大家塞在沙发里靠夭[1]拍片的环境很恶劣的那种场合。那种场合我一向很讨厌啊，在那种谈话空间里弥漫了一种萎靡的惯性，会

①靠夭：福建方言，闽南话，应该写作“哭夭”：哭“饿”而后引申为一个人因为一件事情一直碎碎念（令人厌烦地重复讲一件事情，表示很啰唆），亦同“靠腰”。

传染的。烟雾中，很多人不来点批判的干剿，好像就以为别人会觉得他没有长脑，更害怕不批评，就不是“拥有理想的同一阵线”。

干剿别人不懂拍电影或抢劫辅导金资源，比自己拍电影跟亲自抢劫辅导金要容易太多了。批判久了，我怀疑，原本要拍电影的人最后都只能成为影评家或嘴炮王。

剧中有很多对于拍电影困境的描述，我看了格外心有戚戚焉。想必有很多电影人看了，会心一笑的次数一定很多很多。一知半解的人看了，也会娱乐到。在很口语的对白辅助下，帮助我做了看电影最基本的“投入”。剧情也很饱满。个人兴趣关系，我对“散文结构”的电影兴致缺缺。《情非》在剧情的设计上很完整，段落感也抓得好，剧情时间轴以“一群人拍电影的过程”为运作，感情时间轴跟着“这个拍电影的人的困顿挣扎”在跑。

讨论拍电影的黑暗面仅仅是辅助，自我揭露才是真正主题，不刻意强调成长、升华，必要时还得为了自己的梦想，对着一些人说一些连自己都不相信的话，对着一些人嬉皮笑脸出卖自己的人性。没有太多的大爱法轮，所以我不觉得恶烂。有多少钱拍多大的戏，不见得要叫得动千军万马才能将观众请进戏院。陈可辛的《投名状》拍得很棒，但同样万马奔腾的《三国之见龙卸甲》根本就是一部浪费刘德华的烙赛[②]片。周杰伦的《不能说的秘密》格局小，但掌握得当，效果出奇得好。钮承泽的《情非》也有同样的感觉。

②烙赛：闽南话，拉稀的意思。

缺点有两个。

一个是看了很累，《情非》里面的人经常在抽烟喝酒呼麻摸奶子，我除了爱熬夜之外没别的残害身体的习惯，所以我看了忍不住觉得自己很健康。

一个是结尾有点拖。也许结局没有真的很拖，但整部片子要咆哮的东西太满，导致看到后面有点没耐性。当我情不自禁穿上外套后，竟还“多看”了五分钟。

我的理念是，不管你有多少话想说，一口气说太多了，就会失去吸引力。我想这跟台湾导演不晓得下次拍戏是什么时候有点关系，只好在能说的时候尽量说，但这种说的方式对一部电影来说是不必要的。

电影的好看不在于它的“完整”。明白这个道理的人，不见得甘心做到这件事。

最后，我这个人完全没有支持本土片这种高尚的念头，有的话也是

喀嚓。

腿很长的假象。

随便支持一下，表现在“如果这部本土片很烂，那我顶多就是装作不知道”。真正爱看电影的人是不会被“我们要团结”之类的意识形态给收编或说服的。如果有一天我的作品被改编成电影，那一定不是为了使本土片增光，而是我想要拍出一部连我自己都愿意买 DVD 回家收藏的好电影，然后觉得自己怎么这么酷啊。如此简单，如此难啊。

比起到处去跪电影，我真庆幸自己的梦想就是写小说。将将好就是我正在做的事。

再大的爆破场景都不需要成本，再惊人的特效我几分钟就轻易完成，再美的女主角都任我摆布，科科科，再多的大牌我都可以用命令的口气叫他们乔[3]开时间陪我一场。

我所要洒血对付的，就是最核心的——让你手中的小说很好看。偶尔写个博客很愉快，但精彩的是我关掉博客之后才要接着做的事啊！

③乔：闽南语，指安排、挪开的意思。

我的演讲战斗（5）：三生有幸

2008.04.25

以“人生就是不停的战斗”为题，我开始了校园演讲。

第一场在交通大学，是我写小说的起点。我的天生主场。这个讲题底下说了很多乱七八糟的东西，我打工的趣事、硬着头皮参加救生员训练测试、九刀杯自由格斗赛、在火车上遇见“手枪王”、我妈妈生病等等。

以上以恶搞我的人生为主，我试着在其中挣扎战斗为辅。简单说就是好笑又热血，是欢乐又热闹的讲题。

当时，我不断地强调两句话。

第一，我相信，人生中所发生的每一件事都是有意义的。

第二，我认为，人会彼此影响。

这两句话开展了所有的演讲子题，杂乱无章却又奋力地将我过去的人生作个简单的总结。由于真的讲了很多次，越来越熟悉大家的反应，我的自信也更饱满了。

每次演讲这个题目，我都给了我自己很大的鼓舞，在台上笑得很开心。鲜少人知道，当时站在台上演讲的我其实才是最需要被打气的人。所以回到东海演讲。

在中山大学演讲前。

谢谢这些学校，既请人来听演讲为我打气，又给我钱，哪来这么好的事！

小炘在一场中山大学的演讲后，坐我的车去台南跟她妹妹会合。一路上，小炘不知道哪根筋抽到，跟我说她其实很喜欢听我的演讲。她说，每次听了都会觉得人生很有希望，更羡慕我可以很大气地活着。我觉得真是受宠若惊。不过论大气，其实应该说是幸运。虽然我有很长很长很长一段时间书都卖得很烂，但两间出版社从没有冷眼于我，什么事都好商量。读者虽然老不买我的书，不过或许出于尴尬后的同情，这些网友读者可没吝啬过说我很厉害、超屌等言过其实的好听话。大多数的人都愿意试着接受我是一个什么样的人，把我的缺点搞成个人特色，而不会强迫我改变。我的好朋友都了解我很热衷开玩笑，每个都被我磨练到脾气超好，发誓对我效忠（？！）。

大家都对我很好，所以我平时想找人发脾气，也就只能看电视新闻。久了，器量就被大家联手养出来了。所幸爱憎分明的脾气终究还是没改，改了，容易妥协了，大概写出来的文章从此了无性格，四平八稳，无聊异常，世界上多一个我也没什么差别。

如果大家与我易地而处，相信大多数的人都可以活得很大气，不成问题。所以一个人整天过得不快乐，除了自己的个性有毛病，我想际遇也是个关键，周遭的人怎么待你也是个关键，如果你有幸遇到一群非常包容你的朋友或同事，就包容回去，别轻易消耗了他们对你的好。

有件事非说不可。话说小炘在这场演讲中，一瞬间爱上了接待我的学生会干部小白。小白很帅，差不多也是一眼就视奸了小炘。我后来变成这两个人的传声筒，电光火石，情欲贲张，一下子就爱过来爱过去的，真的是……

还敢跟我要一台 Smart 当作你们结婚的礼金！

这个讲题越讲越顺，尤其讲到了火车“手枪王”那一段，应该是经典中的经典。在我人生最痛苦的时候，这个讲题帮助我自我疗愈了太多。慢慢地，这个讲题中有几个超有趣的亲身经历，被我忍不住写进了《猎命师传奇》的序（交大女舍楼下的献花告白、比丝吉的战斗）、《中国时报》“三少四壮专栏”（救生员训练、打工漫谈）、《那些年，我们一起追的女孩》（九刀杯自由格斗赛）等等，既然写都写了，实际上拿出来演讲的次数便锐减。到了后来就很少再出现。

我想，那是因为我也找到了快乐。

三生有幸，我遇见了小内。

交大，我家！

爱我，求求你

2008.05.08

【ELLE 专栏】

昨天晚上睡觉时，我亲亲小内的脸。小内像平常一样，脸颊超好亲的。

“把逼，你很爱我吗？”

“对啊。”

“有多爱？”

“超的。”

“真的吗？”小内的眼神有点落寞，“那你有把握可以一直爱我吗？”

“当然可以，你那么好。”我嬉皮笑脸，又亲又抱的，使劲地宠她。

“可是……可是，我不知道。”小内蜷曲身子，背对着我。

“不知道什么？”我摸着她的头。

“我不知道自己有没有办法可以爱你那么久。”

小内的声音很认真，我吓到了。

“什么？为什么？”我起身，贴近她的眼睛。

“我不像你，前两次恋爱都是七八年，都很久，你早就习惯谈那么久的感情。可是我以前交往的两个男朋友，都没有超过两年。”小内的声音像是飘浮在太空中的果汁软糖，“现在，我们已经交往超过两年了，早就超过了我的理解范围。接下来会怎样我真的没有办法想象……我们真的可以永远爱下去吗？”

我的心一下子复杂了。我躺回原来的姿势，看着她单薄的背。

“可以。”我说，声音却没有字面意义上那么坚定。

我很失落、很不安、很不服气。

通常，不该是知名作家的女友为她的作家男友的魅力感到不安吗？现在，怎么会是我在担心我的乖乖小女友有一天突然说不爱我了呢？

“如果有一天我们真的分手了，我回想起跟你在一起的这两年，说不定真的会觉得自己在做梦。”她幽幽地说。

“又不是梦。”

“可是真的就像梦啊，太不真实了。好不切实际哦。”

什么对话嘛……我的心很闷很闷。

“如果有一天，你不爱我了，你会第一时间跟我说吗？”

“……我不知道。”

“不要不知道，也不要怕我难过。如果真的有那一天，你告诉我，我会祝福你。答应我。”我的傲气上涌。

“好，答应你。”小内始终没有转过身。

“那，如果有一天我突然爱上了另一个女生，我也会跟你说。”我的眼泪溶掉了傲气，流了下来，“你也要让我走，我们好聚好散。”

“……”小内依旧背对着我，淡淡地说，“不要。”

两个人都不说话了。

几乎所有人，都以为小内对我几乎是百依百顺的爱恋。有时我也常这么错信。我们经常腻在一起，也擅长溺爱对方。在我们溺爱彼此的时候，偶尔会透不过气，却也从这种副作用里得到了饱足的安全感。我很喜欢。

但其实小内很有个性。有一天小内若对我没感觉了，我难以想象这个世界会糟成什么样……可真的很不公平，明明就不该是我感到不安，而是我要花费精神去安抚小内，说我会乖乖，是个除了征服天下，没有不良欲望的小说斗士才对啊，为什么是我的眼泪跟鼻涕卷在一起，几乎没办法呼吸了？

突然，小内转过来。

“把逼，你真的觉得我很好吗？”小内在漆黑中凝视着我。

“你真的很好，我很……喜欢你。”我哽咽。

“谢谢你。”小内用手指揩掉了我的眼泪，“不要哭了。”

“我们一起加油好不好？一定可以的。”我还是一直掉泪。

“好，一起加油。”小内摸摸我的头。

小内转过去，沉沉睡去。有点颤抖，我从后面抱着她。

头一次，觉得自己很没有用……

靠腰跟它合照要钱，大家别上当。

每次第四台一播，就会重看一遍的香港电影

2008.05.10

“师父，那个老妖怪说西方没有极乐，到底有没有啊？”

“少废话多做事！走了！”

“是，师父！”

刚刚又开始看《倩女幽魂》第三集了。我想大家也差不多吧，周星驰的电影每次第四台一放，很可能就会下意识地为了重看某一段，几乎重看了整部片。《赌神》也一样（年轻人终究是年轻人），《笑傲江湖二部曲》也一样（我最喜欢令狐冲大叫我跟你打！），《至尊无上》等等都太棒了（没有一部赌片可以超越《至尊无上》最后的赌局）。

《倩女幽魂》是非常厉害的三部曲，在我看来是一部比一部好看，后来居上，重点是配乐异常的热血好听。普渡慈航是相当经典的恶鬼角色，我很爱啊，政治人物的极致就是普渡慈航啊（比起来，姥姥只是一个流氓等级的烂咖）！“倩女系列”最重要的当然是倩女，王祖贤在我的年代可是毋庸置疑的第一大美女（利智也超美的），就算她真的变胖了也没关系，能够迷住全世界的男人十年也真是太够本了，胖胖的很快乐的话又没有什么关系……

陈怡蓉本人也是超正。

在校门口
挥挥手的你

2008.06.10

【ELLE 专栏】

我服“替代役”选的是文化役的役别，专训时在台中汉翔基地。

小区实作是很重要的课程，六十人分成六个小队，每一个小队都得在台中挑选小区时做的区域。期末成绩将很大程度决定我们将来要去哪个县市服役。

在我精心图谋下，我所属的第六小队选了沙鹿地区，一个星期至少有两天会从专训基地发游览车，途中会经过小内就读的静宜大学校门口。去一次，回的时候一次。

我光是坐在车上瞥眼静宜校门，就觉得很温馨，那可是我常常接送小内上下课的地方，有好多回忆。要知道，男人在当兵的时候总是活在跟女孩有关的一切里才能过得舒坦。

有天早上，刚上车，我照常打电话给小内：“我们要出发啰！大概再过半小时就会经过校门口了。”

小内很兴奋：“好！等我一下！”

我知道她要做什么，也很期待。

经过静宜门口时，果然看见小内站在树下，又叫又跳又挥手，拿着手机：“把逼，你是红色的那辆游览车吗？有看到我吗？有看到我吗？”

我的脸贴着玻璃，像个猪头：“有的有的！鼻鼻好可爱哦！谢谢你！”

“可是把逼我没看见你！你在哪儿啊？”小内急得快哭了。

“啊！我们已经开过去了！”我看着变成一个小黑点的小内，好感动。

跑来校门口站岗对小内来说可不容易，我们匆匆见了一眼后，她又得快跑过半个山坡，赶回教室上课。

“对不起，要你跑这一趟。”

“我很高兴，真的。”

这种事多做几次后，同梯[1]的都发现了。经过静宜校门口时，大家都凑热闹地贴在右侧玻璃上，发出哇啊、吼呦、那就是九把刀的女朋友哦、什么意思嘛、哪有这么闪的、教官九把刀犯规啦等等不平哀号。

每次见完小内，我就满足地全身脱力，可以回忆一整天。

不，不止一整天。有些画面一辈子也不会忘记。这就是了。

后来有一次，小内神秘兮兮地，要我在游览车经过门口时务必提醒她，她有个小惊喜要给我看。我猜是穿得特别辣之类的。

“快到啰，快到啰！快到红绿灯啰！”我贴着玻璃。一群同梯也贴着玻璃。

“总共有两台啊，一台红的一台绿的，到底是哪一台啊！”她好急。

“啊？是吗？我不知道耶，我坐在车上没办法看到颜色啊！”我倒

①同梯：指中国台湾地区同一时间入伍服兵役的人。

是不紧张，笑说，“我们快接近了哦！你在哪里啊？我坐在最前面的位置挥手哦！”

“我不知道是哪一台啦！快点跟我说！”

就在这一瞬间，我拿起手机拍下小内等待我的经典画面，同梯也羡慕地欢呼。

可是，我没看到小内的惊喜啊？

“你怎么没跟我说你经过了！”小内开始生气，不，简直是暴跳如雷。

“啊？我有说了啊！我还拍下你了耶，今天很漂亮哦！”我安慰她。

“可是……可是……”小内快哭了，又很生气，“你没跟我说是哪一台！”

“有那么严重吗？就说是两台中的一台了啊。”

起先我很不能理解，觉得她在无理取闹，搞不懂她到底在不爽什么、安慰她又一点效果也没有，原本很高兴的我一点也不晓得自己错在哪里。

哦哦哦我写了很多封信给你哦。

搞到后来，两个人竟然吵起来了。后来我才知道，小内前晚熬夜用亮片纸剪了一个红色爱心，贴在一把雨伞上面，打算等我的游览车经过时，便笑嘻嘻打开伞旋转爱心，让我爱她。

小内就是这样，想要让我开心的计划落了空，就转生气，觉得一切都不值得。我又道歉又哄地，忙了大半天还是听到她在电话那头发狂。

“反正是你不好！”

“好啦好啦，是我不好！”

“真的就是你不好嘛！”

好像真的是我不好吼！

关于去国外念书留学这件事

2008.06.15

先说了，每个人的情况当然都不一样。今天早上我收到了一个在国外念书的读者的信，意外把我从冲稿地狱中扔到博客里透透气。

很多人在父母的安排下，在人生的某个阶段出国念书，有的人觉得很棒很幸运，有的人觉得很衰很孤独，有些人憧憬到国外念书生活的日子与随之而来的新鲜体验，有的人很怀念大家一起面对升学压力的苦涩……与相互取暖。

就我自己来说，将来除非我自己的孩子主动跟我开口，不然我不会考虑把还没有大学毕业的孩子送出国念书。

为什么？关键是朋友——等你拥有了无坚不摧的核心朋友群，再出国不迟。

我的身边有几个朋友案例，他们初中毕业或高中毕业就出国念书，当他们想办法融入新的学习环境时，他们的初中朋友正一起为了念高中而煎熬，一起被老师揍，培养革命情感。当他们开始交到外国朋友的时候，

很多年前，我的朋友就都是白痴了。

是的，都是白痴。

他们的高中同学正在准备考大学，偶尔还举办初中同学会欢乐一下……干，他们也许还会受骗上当一起追同一个女孩子。当他开始上国外大学的时候，他以前认识的那群人也上了台湾的大学，开始谈恋爱，开始骑机车，有的人甚至一把眼泪一把鼻涕地宣布他当爸爸了（而你居然没有在场落井下石说恭喜你啦！）。

非常可能你在国外交了很多朋友（所以此篇文章并非论述你出国就交不到朋友），但，多年以后你回来发展（如果你不回来，就不用往下看文了），你会发现以前认识的死党跟你之间有了距离，他们不会排斥曾经很要好的你，但你毕竟变得陌生，话题常常搭不上，最有交集的是，大家一起回忆你有参与的那一小部分，再加上你跟这些过期好友讲解国外学制的差异（他们不断发问，你回答）。

对我来说，成为一个优秀的人才是人生规划里比较不重要的部分，因为一个优秀的人才对国家社会比较有帮助，但是对我的人生不见得那么有帮助啊！我想拥有一群很要好的朋友，一起玩闹一起长大，一起累积回忆，等到我突然间想体验国外念书的生活时，大学毕业了再出去似乎是一个比较好的时间点，因为那个时候，大家都在忙当兵、忙考研究所，有的人也会开始忙出国念书，是彼此人生最混乱的时期，最重要的是，你不会因为在这个阶段出去（或更以后再出去），失去你在人生中交朋友最精华的阶段所能得到的最珍贵的资产——他们已经确确实实变成你随时可以“一起去做些什么”的一辈子朋友，而不是“认识的同学”。

也许你会变得比较不优秀（如果你认为这里的学习环境比较烂的话，但我不这样认为），但损失的是国家民族社会地球人类的前途，而不是你。

最后，大家也许会说，如果是真正的朋友，几年后相见也会是朋友。或许是吧，但错过了那么多的相处时光，陪在身边的肯定比较有充实感。

大家或许也会说，靠咧，那回来后再重新交一批朋友啊。是啊，是可以，但新交的朋友没有为你保存共同的青春回忆，你要寻找青春回忆，还得飞到国外参加同学会。

人生没有全部都拿的，是吧？

第二届麻将侠大赛冠军是我，嘿嘿。

《武林群侠传》在线游戏代言，拍广告杂谈

2008.06.23

这次被中华网龙游戏公司找上当代言人，当然很高兴啦，因为只要跟战斗、跟3C、跟正妹有关的东西我都蛮有兴趣的，游戏当然也在其中啦。

据说厂商是看了我在网络上放的《慢慢来，比较肮脏》的恶搞短片给吸引住了，就是一边刷牙一边跟老师沟通的那段啦，里面有提到我想代言东西但厂商都不鸟我等等，游戏公司就觉得嘿嘿嘿这个笨蛋可以好好利用一下，而我就科科科，居然有人要踏火坑耶，不妨被利用一下，于是我们就一拍即合啦！

广告要怎么拍，我们事前开了两次还是三次会议。我相当喜欢思考如何在短时间内让观众留下深刻的印象这类的事，所以也提了蛮多很叽歪的想法，只是我的想法一向跟这个世界的运作方向不大一样（改天我来拍一些给大家看），所以最后被接受的其实不多——这可能让厂商免去很多被干剿的困扰！

拍广告那天是端午节，为了拍片，我放弃了每年我都会参加的台湾海峡杯龙舟锦标赛（从高雄港一路划到厦门，每年都划到吐，只要能活着抵达厦门就算是胜利了，不过由于机票很贵所以大家还得慢慢划回高雄港）。

早上先在台北河滨公园拍一支外景版的，太阳很晒，还好我天性冷

台词都是当场鬼扯。

感不然肯定中暑。话说拍片前我喝了一大杯冰豆浆，害我还没正式拍的时候就感觉到有东西要从我的屁股里爆冲出来，只好一个人用很娘的姿势走进公园里的流动厕所——正当我解放完毕，要冲水的时候，赫然发现它不能冲水！只好留下非常巨量的爆炸物在里面……希望下一个进去的人不要觉得很想死。

下午先拍临时演员的部分（临演超多正妹的，我很疑惑为什么我不能跟她们一起拍呢？是歧视主要演员吗？可以这样歧视主要演员吗？），原本我是想在网络上应征真正的读者当临演的，那样一定很有趣，但厂商很希望消息保密，所以就变成厂商跟制片那边去找啰。

代言的广告总共有三支，大家现在看到的这一支是唯一讲话超过十句的，另外两支的内容就不先透露啦（导演剪好后会慢慢释出）。

这一支在拍的时候，其实讲了超级多的话，讲的内容因为都是我自己想的，厂商跟导演都完全没干涉（谢谢），所以每一次讲的都有点不大一样，很随性（例如我的脸被黏了一颗痣，于是就临时模仿郑弘仪）。

跟上次拍模仿周杰伦的短片一样（请上 youtube 搜寻《依然拒绝我》），我只有先想好一个架构，仔细的内容就放空，由于不背稿，“点”就会变得很自然很有趣，缺点当然就是讲得零散，要靠一直讲一直讲到顺为止。

这次我设定主要的结构是九把刀去应征担任《武林群侠传》的代言人，努力说服厂商我比其他明星更合适。在这个结构底下可以玩的点很多很多，比较可惜的是，我讲的内容其实都有剧情，但为了广告的节奏感所以都只是撷取片段的一两句话——不过这也不能怪别人，毕竟我讲的完整版虽然超爆笑，但内容——全、部、都、有、问、题！

简单说，就是虽然没有违法，但肯定会叽歪到厂商跟很多躺着也中枪的明星，哈哈哈哈哈！这支广告不会放电视，只会放网络，在影片中导演弄了一些“臭虫”让大家抓，以符合游戏封闭测试的本质意义，影片中有一些不正常的“现象”出现，就是臭虫了，我自己看，觉得除了两个点不好抓外，其余都很好看出来啦！

这是我第一次拍商业广告，老实说我不是明星，不是演员也不是歌手，表演的功力当然很烂了，我的部分全仗我的厚脸皮（在那种状态扭捏只会害到自己跟大家），又所幸导演跟制作团队对我很宽容（但没有提供正妹负责对我微笑），才能一次一次慢慢把广告搞定。大家都很累啊，很多临演的脚都被蚊子侵犯到整个扭曲了。

最后，当然在游戏里也会因为代言的关系，出现一些蛮有趣的“设定改变”，那些改变我也有参与到，很期待咧。所以我会挑个时间把我的 Mac 电脑灌进双系统，这样我才可以玩自己代言的游戏（之前就是了解设定跟看游戏画面）。

希望一切都会很顺利，科科科。

代言最爽的是，可以跟超正的 show girl 合照

不是英雄，但也别当混蛋

2008.07.06

初二某一天，刚刚补习完回家的我，接到一通非常陌生的电话。

对方的声音很低沉。

“柯景腾，你猜猜我是谁？”

“……你是谁？”

“你猜猜我是谁？”

“啊？你到底是谁？”

“你就猜猜看。”

“……我们在哪里认识的？”

对方坚持要我猜，我一直没头绪，那声音实在非常陌生，我完全没印象。重点是对方是男生，我真的很不想跟男生玩猜猜我是谁这种一点也不色的游戏，我的耐性流失得很快。

这种鸟蛋对话僵持了很久，在我快度烂到要挂电话的时候，他才提示：“我就是在小学，被你们欺负得最惨的那个人。”

我吓到了。即使得到了“清楚的提示”，这低沉的声音还是跟“那个人”完全搭不上啊。

“你是……高 ×× ？”我狐疑。

“对。想起来了吗？”他似乎有一点高兴。

“你的声音也变得太多了吧？”我有点，不安。

高 ×× 是我小学五六年级的同学，成绩很烂，两年来都跟另一个成绩很烂的男生坐在讲台旁边的特别座，他的声音很娘，身形举止也有点娘娘的，但从小学毕业不过两年，现在，高 ×× 在电话里的声音完全就是摔跤选手的感觉。

话说过去高 ×× 经常打班上男生的小报告（打架、偷窃、作弊、上课讲话、下课说台湾话），于是班上的男生也就很讨厌他，用整天嘲笑他笨蛋、不跟他玩任何游戏、绝对排挤他的方式去报复他。

可以想见恶性循环下，高 ×× 就越热衷跟老师打我们的小报告，而班上的男生也就越孤立高 ××。我百分之百确定，高 ×× 没有一个朋友。

——不过，高 ×× 打电话给我做什么啊？

“我想问你，你们当初为什么要欺负我？”高 ×× 终于切入重点。

“……有吗？”我心虚地说。

“你敢说，你们没有欺负我？”高 ×× 提高了音量。

“我们没有打你吧。如果真的要欺负你，就直接打你了。”我直觉地闪躲。

“没有吗？没有吗！”

“至少没围殴过你吧？”

其实我记得，高 ×× 跟我的好朋友打过架，原因忘了。只记得我的好朋友落了下风，而平常看起来很娘的高 ×× 打得很“凄厉”，仿佛没有什么好失去的，打完后明明是他赢了，他却趴在位置上哭了。但我非常确定，我们班上的打架，在我坚持“凡打架必单挑，不然就跟我打”的原则下，没出现过一次围殴。

尽管一身冷汗，才初二的我还是想抓住这一点，撇清“欺负”这两个字。

“你们没有一起打我，就等于没有欺负我吗？”高 ×× 的声音不容妥协。

“不算吧，毕竟是一对一。”我全身发热。

“……”

“对了，你现在哪一所中学啊？”

“×× 中学。”

“有在补习吗？在哪个老师那边补啊？”

话题被我强制拖到“正常”的区域。

补习或不补习，哪一科最好，我念的是美术班，数学你都怎么念啊，压力大吗，老师好吗，未来想念哪间高中……我很努力地忽视不断从身上涌出的汗水，在电话里制造一些跟往事无关的东西。对话很普通，是每个初中生都可以轻易复制转换的闲聊，高 ×× 也不得不回应我的聊天，但过了十几分钟，我已经硬凑不出话题了。

而高 ×× 又开始问，为什么当初我们要欺负他，让他每次回忆起来就很生气。坦白说，我也动气了。

“高 × ×，你认真想一想，如果你不是那么喜欢打小报告，大家会那么讨厌你吗？”

“我打小报告，是因为你们讨厌我。就算我打小报告，也是你们活该。”

“好，那我问你，我有欺负过你吗？”

“……”

“我打过你吗？”

“没有。”

“我有骂过你吗？”

“没有的样子。”

“我没有打过你，也没有叫别人打你，陈明义跟你打的时候我也没有帮他，他最后打输了我也没有怎样。”我气急败坏地反抗，“还有，我也没骂过你，我也没嘲笑过你，我只是跟大家一起不喜欢你，但是我什么也没做！”

高 × × 在电话那一头，沉默了片刻。

我则持续全身火烫。从小我就是一个很直接的人，喜欢跟不喜欢在第一时间就会表现出情绪。在小学五六年级时我迷上了打架，遇到状况就说：“那我们单挑吧。”就这么靠着不断打架，跟班上同样血气方刚的男生成了非常要好的朋友，一起干了很多坏事（以后再说）。但，我可以发誓，我绝对不来阴的——我打人一向对着脸打。

当时班上的男生在搞集体孤立高 × × 的时候，我虽然也不喜欢他，但我会看他可怜就走过去跟他说几句话、借他钱买饮料，至少在他跟我讲话的时候我也会客客气气地回话。我相信，我肯定是全班对高 ×× 最友善的人。

为什么？没有别的理由，只因为我觉得被全世界排挤的感觉一定很难受，而我看着我的好朋友们这样整天孤立他、嘲笑他、骂他，其实我也有很强的内疚感……我常常纳闷，需要做到这样子吗？

久久，高 ×× 终于开口。

“你什么也没做。对，但为什么你什么也没做？”

“我……我又没有欺负你。”我口干舌燥。

“你眼睁睁看着他们欺负我，你什么也没做。”高 ×× 冷冷地说。

没有咆哮，甚至没有提高一点点的音量，但却排山倒海地摧毁了我匆匆忙忙架筑起来的心理防线。

我没有说对不起。

接下来的十几分钟，我都在为过去的我辩护。

我说，你应该打电话给某某某抱怨吧，因为他常常骂你啊。为什么要打电话给我？

我说，你应该打电话去骂某某某吧，因为他常常恐吓说要带人打你啊。为什么要打电话给我？

我说，你应该打电话跟某某某对质吧，因为他常常嘲笑你啊。为什么要打电话给我？

最后怎么结束的我已经没有记忆。依稀是我找了个家人要用电话还是我要去洗澡了之类的理由，挂了话筒。

小孩子的嬉戏与玩笑，有时候真的非常残忍。

高 ×× 的案例，跟现在的校园霸凌事件新闻相比，情节算是很轻微，但当事人高 ×× 所受到的创伤绝对很深很深。

有时候伤害一个人，用拳头，直截了当，伤口的恢复力也很强。但用嘲笑、用言语、用冷漠去孤立一个人的时候，那伤口肉眼不见却终生难忘。难忘到，小学毕业都两年了，高 ×× 在百思不解的屈辱与愤怒下，打电话给当年唯一跟他可以稍微沟通的我，宣泄了他迟来的反抗。

也许在他的眼中，我才是最可恶的人。我明明就觉得不该孤立他，明明也会看了心中不好受，却因为孤立他的人是我的生死之交，于是我选择了什么都不做。回想起来，我的木然真的很可怕。如果我也是处心积虑孤立他的其中一分子，也许可以解释成“当时的我还不够成熟、还是个心眼坏、不懂得体贴他人的小孩”。这样还比较简单，我可以声称我已经悔过反省就结束了。

但问题是，我不是。当时的我毫无疑问也认为高 ×× 被大家这样对待，是不对的。但我没有挺身而出，我没有告诉我那些好朋友，说：“喂，不要这样。”我不是怕我自已做了这个动作，就反而被排挤。我们的友情没那么薄弱。我不是怕我自已做了这个动作，就被嘲笑“假惺惺”。我确定只要我挺身指证了，面红耳赤、耳根发烫的人一定不是我。

我在怕什么呢?

我什么也没有怕，我只是可怕地无动于衷。

我可怕且自私地认为，只要我没有加入欺负他的行列，我就不需要良心不安，我就可以跟“欺负”这两个字划清界限。我就跟所有的肮脏事无关。

干，其实我也是个烂人！

挂上电话的我很迷惘，于是一个一个打电话给以前的死党，确定了一件事。

——他们没有一个人接到高 ×× 的电话。真的只有我。

高 ×× 没有打电话给他们，却打给我。

为什么？答案我从来不知道。后来我一直在想，他打了电话给我，是不是想自杀？是不是自杀前的最后反击？答案我也不知道，也没在报纸上听闻过这样的事件。我没有勇气去确认。后来，我在写小说《狼嚎》后序的时候，写下了这么一段：

我认为，真正的英雄，从来不是从众的。英雄具有强烈的“对抗”气质，是颠覆的，是具有惊人破坏性的，在大家都赞成的时候能勇敢抗议，在所有人摇头的时候他能义正词严捍卫想法的那种人，必要的时候，英雄还要能撕裂自己与众人间的情感，捍卫“自己信守的价值”。

（中间略）

这并不是说，反抗众人的必能成英雄，也不是说，英雄心中的对才是对，众人长年死守的东西就是迂腐。我们每个人分辨对与不对的标准，一定不会完全跟众人一样，能从相信自己到愿意挺身而出、实践理念的那种人，才具有英雄特质的起点。

所以英雄其实是很危险的，他挑战着集体的价值，捍卫着的，是自己。

这篇博客写着写着，我想起了那段丑陋的往事，再度满身焦躁的大汗。

——真正的英雄，从来就不是从众的。

我不是英雄，远远的不是。

曾经我对不正义的错误对待置身事外，我没有指证我的好朋友，我没有捍卫我的价值。我没有保护一个我不喜欢、但实际上却很可怜的人。

看到最近社会上那么多校园霸凌的新闻，我想还没曝光的一定更多更多。有轮流性侵犯女同学并用手机拍下来放上网的混蛋。有五打一还敢将过程拍下来放上网的混蛋。有十几个人一起殴打一个女生打到人家住院的混蛋。有公然笑嘻嘻烧狗当烤肉还拍下来放上网的混蛋。有拿着BB 枪射击街友，愚弄人家做伏地挺身并拍下来放上网的混蛋。

我的博客，不是写给那些欺负同学或狗或街友的人渣败类看的。

你们很邪恶。

这篇博客，是写给以前的我自己，以及现在正持续可怕木然的人。这次我想说的，很简单。但做起来就一点也不简单。每件事都有它的代价，挺身而出，也有它的代价。但起码你不会失去重要的东西。如果你正是被欺负、被排挤、被孤立的人，我无法保证有一天你会得到该属于你的正义（因为就连我也等不到该属于我的公道）。光是你维持一动不动的样子，就会继续受到压迫，且一定越来越过分。一旦你开始采取挣扎的姿态，下场也可能更惨。

但不反抗，不行。

没试过反抗，不行。

被人渣欺负不是你的错，但你得尝试各种管道，尝试向老师认真申诉，尝试跟爸妈说，尝试跟学校说，尝试别用无可奈何的笑脸响应那些欺负你的人，尝试到派出所报案，尝试将你的立场用力翻转过来。

你得尝试对得起未来的自己。

加油，也对不起。

我们的小孩

2008.07.10

【ELLE 专栏】

小内不止一次跟我提到，她很担心我们将来的小孩跟我年纪相差太大，会造成“人生上的困扰”。

起因是小内有一次看电视名人访问，主持人问大老婆十六岁的作家蔡诗萍（怎么那么色啊！）将来看到十八岁的女儿跟男朋友在家门口亲热，会不会担心。只见蔡诗萍淡淡说不会，因为那个时候他已经六十几岁了，不大可能有那种管教女儿的心情吧。

电梯打开。

“很可怕吧！”小内瞪大眼睛。

“是哦？”我拿出钥匙开门。

“怎么不可怕？你现在二十九岁了，你想几岁结婚？”

“都好啊，我没想那么多，快快乐乐跟你在一起不都一样吗？”

“你怎么这样？”小内气了。

如果这时候我没有正面回答，我就得花十倍的时间安抚她，一点也不划算。

“硬要说的话，大概是三十六岁以前结婚我都可以接受吧。”我认真。

毕竟“三十六”是个好数字，六六大顺，如果选择迷信的话就得投入一点。

小内很爱来这套。

“……好老哦，我不想你到时候变成一个看起来很老的新郎。”小内噘嘴。

“喂，我胡子刮掉的话，看起来根本就超年轻的好不好，而且我的心灵也一直保持在很幼稚的阶段啊！”我不以为然，一边用单脚脱鞋，“而且，只要新娘看起来很美就可以了啦！我看起来勉强配得上你就好了。”

小内的重要梦想之一，是想成为儿子女儿母姐会里最年轻漂亮的妈妈。要达成这个梦想，可不能在结婚的主题上拖拖拉拉。

“你是因为我的年纪还小，每天都一直约会，所以没有意识到其实你应该要结婚了。”小内开始掰开手指计算，“你看，如果你真的三十六岁结婚，正好三十六岁有小孩，那小孩将来十八岁的时候，你就已经五十四岁了耶！五十四岁！我们的小孩才刚刚好要上大学，你就五十四岁了！”

小内越说越激动，好像我都听不懂似的。

“五十四岁就五十四岁啊，那个时候我不见得要变成老人啊，我还是可以常常运动维持健康，心灵也一定继续很幼稚。”我拉着小内，一起摔在沙发上。可小内一脸的大便。

我只好笑笑：“OK 啦！如果你很介意我跟小孩子的年纪差太多，那我也可以提早一两年结婚啊，反正我又不是偶像，早点结婚也没什么。”

“不是这样说的好不好。”小内不知道在卢什么。

“我真的不觉得人生一定要在几岁时怎样怎样，朝着大目标走就好啦。”

“……”

“再说，我周遭的朋友也都这样啊，除了李丰名前几天才结婚，阿和跟雅莉在一起才一年，许博淳跟 Kate 也差不多一年，老曹才刚交到人生中的第一个女朋友，该边还在鬼打墙，赖彦翔甚至连打手枪都还没开始练咧！”我信手拈来，就是一大堆活蹦乱跳的证据，“现在大家都很晚结婚，这是潮流。”

“他们是他们啊！”

“就算我跟小孩子差很多岁，以后还是可以父子一起去租书店看漫画，一起做一些很酷或很无聊的事啊，我那么强，一切都会没问题的。”

我用力搂着小内，非常非常用力。

她不领情地把我推开，一副我完全无法进入她的世界的怒。

“嘻嘻，你就那么想快点嫁给我啊？”我搔她。

“谁要嫁给你啊！”她大怒。

小内迅速转身，不再理我。

昨天去看了 K-1 自由格斗大赛！！

2008.07.15

什么是 K-1？

答曰：http://zh.wikipedia.org/wiki/K-1（维基百科 K-1）

目前还在连载中的漫画里，要选三部，我最喜欢看《猎人》《海贼王》《刃牙》。

这三部中前两部大家应该都是有志一同，但喜欢《刃牙》的人就不多了，因为《刃牙》的创意超血腥，终极的暴力观，不是每个人都能接受，但是！我记得星爷也很喜欢看《刃牙》哦！《刃牙》带给我格斗技与战斗的冲击很大，也影响我在写作里描述关于“力量”的方式，超厉害！重点是，在全世界其他地区相当风靡的真实格斗技战斗比赛 K-1，终于来到台湾啦！那当然是要见识一下现场看比赛的魄力啦！

虽然我没有看过任何形式的格斗技大赛，但合理地想，如果坐在很远的地方看比赛，就只能盯着实时转播的大屏幕，听不到拳拳到肉的声音，看不到汗水跟飞出来的牙齿，也感觉不到从选手身上散发出来的灼热荷尔蒙，这样好吗？

据说如果K-1的票卖得不怎么好，那么K-1以后就不会到台湾来了，也就是说，这很可能是我唯一可以在台湾看到的K-1？所以决定，无论如何一定要坐在最前面的位置——干！代价可不轻啊，一张最前面的票竟然要8000大洋（约1719RMB）！

根据 http://www.ticket.com.tw/dm.asp?P1=0000008676（年代售票K-1）指出：K-1现场观众有95%为二十几岁年轻人，其中80%是热恋中的男女。这是无形的市场之手进行双向操作的结果。因为K-1比赛是一种力的较量，表现出雄性魅力，极易引发观众的英雄崇拜情结。音乐加上主持人的呐喊，足以发泄年轻人心中的压抑、忧郁及烦闷。

哇，那么有雄性魅力，应该可以为恋爱加分吧！

于是我找了小内陪我去，代价又加了一笔8000哈哈哈哈（笑屁啊！），我打电话找据说已经不再遛鸟的前“遛鸟博士”李昆霖跟他已受孕的“性奴”王小啦一起去看。

不惜成本坐这么近真的很酷，附加价值是看到一些大明星跟小明星，大S、黑人、王伟忠、吴奇隆、一大堆伊林模特儿，但主要还是真的可以把打斗看得很清楚，脚踢在对手身上的肉击声非常清楚，头被打中时汗水喷到半空中也看得很清楚，擂台在晃（原来真的会晃），绳索紧绷，选手偶尔自己制造出的音效（雷西佛会搞这套），于是魄力也很清楚地见识到了！特别是身高217公分的韩国巨人对170公分的泰国拳矮子的比赛真好玩（除了几个韩国人外，全场都一面倒替泰国人加油），上原

宵夜最爽了。

诚在最后回合一拳KO韩国跆拳道冠军，一拳就将他打到用担架退场（很恐怖，不过这一场我觉得很有意思），最后的冠军在跟韩国巨人对打时，不到一分钟，就瞬间将巨人打到鼻子断掉退场获胜（很有气势的打法）。

比赛原定四小时打完，最后却花了五个小时，看得很累，到最后都有点麻痹了，选手出场花的时间蛮多的，我觉得很可惜的是，每个选手都可以自己选自己出场的音乐，像韩国人出场就选韩国歌，泰国人出场就选泰国歌，但我们有两个中国台湾人出场时都没有选台湾人唱的歌，我觉得很可惜啊，我还以为会听到《飘移》还是《双截棍》，或至少是《月亮代表我的心》咧！

中国台湾选手的“对手”都很年轻，也许是太年轻了，所以导致看起来有一点不强，这是第二可惜的地方……希望这两位已经取得K-1门票的格斗家能够往更高的打架殿堂迈进！

看完全部比赛已经21：30了，靠，真的很饿……原来现场没有在卖热狗跟啤酒！希望下次K-1还能来台湾打，而且是更精彩的对战组合！

最后特别谢谢小内嘻嘻哈哈参与我很喜欢的东西啦！ :D

今天在台北汀州店金石堂的签书会

2008.07.21

很像你吧。

又到了赛后检讨的时候啦科科科！

今天在台北汀州店金石堂的《拼命去死》签书会，跟我自己以前比起来，人不算多，依照号码牌的实际发放状况，约莫两百二十多个人，跟我自己估计的三百人有快一百人的差距。

回顾过去的签书会，从最早的《卧底》约五十个人（还是跟其他网络作家合办），《狼嚎》约五十个人（这种人数最后竟然还签不完，一群人被拉到附近的麦当劳继续签，还玩奇怪的问答游戏），《杀手一》忽然爆增到两百人，此后大部分都在一百五十到两百五十人之间（偶尔会遇到一百人以内的小场子），不过《杀手》签书会历来都爆多人，记得上次《杀手，流离寻岸的花》到场读者破五百人，因为有所向无敌的蝉堡加持，一下子让其他书的签书会看起来有点冷清。

每次签《杀手》的时候，我都超级紧张的，因为很怕签不完，每次在汀州店签《杀手》，我就非常仰仗我的好朋友……金石堂对面的东南亚戏院，小仙女一边主持一边请号码牌在后面的人不如先去东南亚戏院看场电影，再回来排队绝对来得及。在这样的节奏下，每个人都签得挺仓促的，拍照也挺赶，每次从下午一点半签到晚上九点半，其间大量喝水、喝大家捐给我的饮料，每签一百人就去尿一次尿，签完后都超茫然的，额头也超痛的（因为我罹患无法微笑的病，要笑就要灿烂地笑）。

我很累，但长龙里的大家更累，对不起也谢谢。

很多人有很多人的签法，少少人有少少人的签法，今天“只有”两百多个人，老实说对喜欢超热闹的我来说是少了点闹哄哄的快感，但无论到了多少人，这些人都是特地赶来，站着、排着、等着，对我来说都是值得珍惜的“贵人”。

越少，代表越难得，代表我应该付出更多的时间给大家。

所以我今天没有开“杀手二档”，而是恢复到最早期的一边签书一边聊天一边画画的方式，慢条斯理到逼近悠闲的程度，哈哈，除了要我写一大堆话导致没空间画图的人外，今天应该每个人都拿到有画图的签名书吧？！平常我去学校演讲后的签书时间几乎都没画图的（因为排队的人很长，每个人都画的话，学校教官会阉了我），就只有在签书会的时候启动这个模式。

每次签书会结束，我都有一个固定的感想：“重复见到同一个人的感觉，真好。”我的记忆力很普通，但记住的东西、场景、当时的对话，远远比一般人要强得多，靠的就是经常回忆（等我老的时候，我肯定就是很讨人厌的“想当年啊”那一型的老人）。

以前每次在签书会上看到熟面孔，我一定会说：“我以前看过你吧？”

或简单一句“好久不见！”到了今天，有些脸孔已经熟到太熟了，我干脆直接说：“这是我们第三次还是第四次见面吧？”或“上一次你来，是在《杀手四》的时候吧？”有的我还可以直接讲出对方的名字或绰号，更猛的是继续几个月前没有完成的对话！！！

我猜想，我的脑中关于读者数据的仓库，应该有一千笔持续更新的数据吧？其实呢，大家现在用无名大头贴真的很方便，有些人明明我没见过，但在无名上看也看熟了，相信某一天本体直接遇见，愣一下之后应该也能“哦！你就是那个……”这么寒暄吧！所以大家尽量用自己的照片吧，不要老是用畸形的卡通人物还有影视明星当大头贴啦！

不过我得承认的是，我对正妹的记忆力要远远超过其他人，哈哈！

不论哪一场签书会，都有读者自动自发帮忙，今天呢，要感谢的人有努力保持很漂亮的主持人小仙女（小内说你是又漂亮又善良的大美女哦！），帮忙拍照的小黑跟小芳姐，帮忙维持秩序跟人体广播的彤姐，绝对会来表演的模仿界的“绝地大师”平平。

还有，谢谢读者国旗人送给我的国旗衣（还是太大件了啦，我穿M的好不好！），药膏妹送给我的药膏贴布（我贴了整整三个小时有吧？），正妹双人组送我的大象玩偶，几个人写给我的手写信（除了正妹的抱抱外，我最爱收这种了），稻江画画人送给我的铅笔素描图，拳击手送我的拳击钥匙圈……

大家都对我很好。我一直很喜欢有个位子放在我的旁边，那似乎是我签书会的独特作风。读者可以在旁边坐着跟我拍照、跟我说话（正妹

很专心。

可以靠近一点，小内不会生气科科科）、告诉我书上面要写什么名字、祝谁生日快乐、告诉我一些奇怪的小秘密……我会努力记到我们下一次见面。

最后我得说，不管听几次，每当坐在我旁边的座位的读者幽幽地跟我说："我从来不参加需要排队的活动，今天是我第一次……"时，虽然我脸上肯定在笑，但我的心里蛮感动的，很想抱着脚底下的大地球，大叫一声："好样的地球兄！请继续努力地向前转吧！"

P.S.：希望有去的大家多发表感想，将你们的感想网址留言在这篇博客底下，我会将你们的感想链接附注在这篇博客底下哦。还有，有拍照的记得要开分享不要锁右键，我要去抓啦！

这是拳击手哦！

平平的模仿秀。

小芳姐，加油！你行滴！

蝶！开心点。

昨天去美丽华IMAX厅看了《蝙蝠侠：黑暗骑士》，希斯·莱杰再见！

2008.07.22

我没有遇过比我更喜欢电影的人。话说台中有全台湾最棒最舒服东西又最好吃的老虎城Gold Class电影厅【那个虽然我没有拿厂商赞助啦，不过老虎城要用无限次VIP看电影免费卡（有这种东西吗？）丢我的脸，我很乐意被收买哦，科科科】，后来我迷上后，每个月至少去一次，大直的美丽华电影院则有“一个厅”（注意只有一个IMAX厅，其他都是普通厅）拥有台湾最巨大的屏幕，是专门for IMAX特殊规格的电影放映用的，很酷很屌，我却从没见识过，太远啦！不过为了纪念再也无法西斯的希斯·莱杰，昨天跟小内花了一个多小时搭车转车去看《蝙蝠侠：黑暗骑士》，屏幕真的很巨大，看起来很过瘾，幸好我挑了最后一排坐，不然可能会看到头晕，剧情就不讲了，那恐怕不是最重要的部分，反正就很好看，很邪恶（类似Dr. Hydra那种），很黑暗。

电影快结束的时候，我看着被倒吊的小丑狂乱地大笑时，整个人变得很感伤，眼前这个人，再也不会出现在续集里，再也不会出现在任何一部电影里了，那可是希斯·莱杰在大屏幕上的最后一幕啊……演得太好了，谢幕时的哈哈笑声反而使空气变得更重。

希斯·莱杰是小内最喜欢的演员，以前每次在电视上看到希斯·莱杰演的电影，小内就会尖叫，说好帅哦我的天啊之类的话，跟很多人一样，我也很喜欢希斯·莱杰，但远远没有小内的那种喜欢，每次看到小内对他尖叫，我甚至还有点吃醋……希斯·莱杰死掉了，小内很伤心，但我原本以为她不会哭，直到昨天电影结束，影片最后打上一句“仅以本片纪念希斯·莱杰”时，小内突然低声叫了一声，身体微微后倒，我的鼻子也酸了，观众间自动自发地响起掌声，小内的眼泪马上落了下来，后来小内边哭边出场，一路哭，抽抽噎噎地说：“……我喜欢他真的好久了哦……真的好久了哦……”我拍拍她，但没有安慰她不要哭，因为我想希斯·莱杰一定很高兴，喜欢他的影迷们为他落泪吧，在《拼命去死》中的不死人，他们之间大部分人拥有的长生不死都是虚幻的，但我知道，希斯·莱杰真正永远活在小内的心中。

为你写诗

2008.07.25

【ELLE 专栏】

有一阵子，我的耳朵里都是吴克群的《为你写诗》。

说起来有点好笑，我以前一直觉得吴克群都在模仿周杰伦的曲风，所以对他没什么好印象。

BUT！

BUT！

BUT 我某天早上开车时，无意间在广播里听到这首《为你写诗》，觉得岂止真好听！简直就是无敌好听，加上不断重复的副歌曲子好记得很，一下子就灌进了我的耳朵，灌进去后就跑不出来，害我整天就在那边重复“为你写诗，为你静止，为你做不可能的事”这三句歌词。

后来即使知道是吴克群写的，也来不及了，我对吴克群从此大大改观。

前几天小内搭火车到二水找我，我们一起开车去台中新光三越看电影。

小内的脸有点臭，因为她手里拿着我在《壹周刊》上面连载的小说《这些年，二哥哥很想你》，那小说是我的真实故事，为了纪念我的狗狗 Puma 而写的。Puma 活了十四年，也因此小说带到了在那十四年里，很多很多关于我的家人、与我自己成长的故事。

这一期连载，正好写到我跟前女友初吻的过程，内容还有点色。

小内在火车上看了，肯定很闷。

“心情不好？”我深呼吸。

“没有。”小内看都不看我一眼。

“对不起啦，真的，谢谢你。”我的声音非常温柔。

“干吗对不起？”小内终于转头瞪我。

完了。今天的约会一定很惨，虽然电影院正好在新光三越楼上，偏偏小内可不是那种花钱买礼物就可以买到笑容的女生。

我一定要使出绝招。

“小内，那些都是过去的事了。”我看着前方。

“我又不介意，你干吗解释？”她根本不看我一眼。

我微笑，开始唱吴克群的《为你写诗》。

由于我只会唱那三句，于是我……于是我就只唱了那三句。

“小内，看在我为你写诗的分上，你可以原谅我吗？”

我用世界上最柔软的语气，搭配不输给纳豆的笑容。

“你哪有为我写诗！”小内尖叫。

“小内，我亲爱的小内。你是我的阳光、空气，还有水。不，你也是我的火，烧起我对你熊熊不灭的爱，甚至，还有团团的欲火……”

“我不要听，你真的很烂！你根本没有为我写诗！”

小内持续尖叫，一拳揍在我抓着方向盘的手上。

被小内知道我放这张一定会揍死我。

一直揍！一直揍！一直揍！

“没有写诗，至少也为你静止啊！”我唉唉叫。

“什么是静止！”小内气得头发都乱了。

“反正就很爱你啊。”我摸摸她的手。

她不接受，将我的手“拿回”方向盘上。

沉默了十秒，小内忍不住嘀咕：“我觉得那个静止用得很莫名其妙，什么是为你静止？只是为了押韵就可以乱写吗？”

我想，应该是“你的美，让我忍不住暂停呼吸”的意思吧？

“你说得有道理，所以我觉得应该唱成……为你写诗～喂你吃屎，是不是就比较容易懂，也更感人呢？”

我微笑，伸出手指作势要挖开小内的嘴送屎进去。

小内一巴掌拍开了我的手，又气又笑：“好啊，你为我吃屎啊，吃啊！”

我张嘴，吃了小内的手一下。

“我还是不喜欢吴克群。”小内脱口而出。

“怎么说？这一首歌是真的蛮好听的啊。”

“他的头太方了。”她非常认真地说。

“哪有人这样啊，头很方，也没怎样啊，”我暗暗感到好笑，“而且他的头再怎么方，也没有许效舜的头方吧？”

“不是，许效舜的脸是五角形的，但吴克群是正四方形的，真的就是四角形，我没有看过比他还要方的脸。”她很坚持。

你在说什么鬼啊？吴克群听到会很伤心的。

不过这样也好，我就非常努力把话题牵制在吴克群很方的脸上，然后是同样有个方字的方大同，然后越扯越远、越扯越无聊。直到我们将车好好停在新光三越附近的停车格里，下车时两只手已经嘻嘻笑笑地牵在一起……

P.S.：科科科吴克群对不起啦！希望你越来越厉害，写出越来越棒的曲子！在这里为你重新宣传一下《为你写诗》赎罪。

加油，
人生已经开始了

2008.07.27

前一阵子，跟小内去看了据说非常好看的电影《P.S.：我爱你》，电影里面开出租车的男主角，跟担任房屋销售员的女主角老是吵架，男主角一直都想要生个孩子，女主角则认为两人还没有自己的房子，生孩子的时机当然未到。女主角哭着抱怨："杰瑞，我好害怕我们永远都没有办法像别人一样，拥有一栋大房子，养两条狗，还有小孩在庭院里跑来跑去……我没办法像你这样，永远都用船到桥头自然直的眼光在看这个世界，我真的很害怕！"男主角紧紧抱着她，认真说："别担心宝贝。相信我，我们的人生已经开始了……已经开始了。"

一点也没错，人生已经开始了。在你追求到想要的一切前，人生还是得继续下去。对我来说，牺牲当下的人生换取未来的人生永远是一件很可疑的事。

从小我们就被大人们教导，人生分成许多阶段，不同的阶段有不同的责任跟任务，集点卡盖满了，才能继续往下一站前进。循序渐进的确让人安心，但这样也规训出很多"如果没有怎样，就不能怎样"的心态，与“在怎样怎样之前，我只能尽可能忍耐”的想法。于是这个社会成功孵化出许多相信“先考好大学，其余再说”的阿呆，或“等到我存钱付清头期款后，我再认真想想人生是怎么回事比较实在”的阿呆二档。还有阿呆三档、阿呆四档、超级阿呆、超级阿呆二、超级阿呆合体术。

这些阿呆，对不起，我很可能正在说你——大家都被“如何成为一个有用的人”的论述给困惑住了，为了成为如此这般有用的人，你们放弃了很多“先成为自己”的可能，为了“更高的理想”牺牲了很多当下的快乐。

随着时间流逝，那种牺牲感越来越巨大，更坚定了某种无论如何都要“蜕变”的信仰，更强化了“在将来当一个有用的人，这件事真的很重要”的信念。

——连想都没想过，自己可以随时随地拥有坚定快乐的权利。

只要有梦想，随时动手去干，人生就是当下。

不过谈到梦想，就想说一件可能很残酷的事。是，很多人有梦想，但这些梦想大多是这个社会所谈论的“一个有用的人应该是什么样子的”，把这些状态，例如年薪尾巴甩着几个零、汽车钥匙上的标志、前半生中处几次正妹、一年出国开会几次、参加大学同学会时递出的名片抬头、被商业杂志访问的篇幅大小等等当作是自己的梦想，恐怕是这个社会最常见的现象。

我大胆说一句，这些都是假的。

如果这些由“广泛的成功者的定义建构出来的梦想蓝图”是真的的话，某天你实践了，达成了，功成名就了，那么你突然被告知马上就要离开

这个世界的时候，应该要大笑啊！而不是错愕着捶墙壁、而不是痛苦地反省到底有什么事忘了去干吧？

关于梦想，我还有很多话想说。

但我想先从强兽人朱学恒的博客里偷渡一个幽默的梦想勇者，Randy Pausch（兰迪·波许）[①]。用凝或写轮眼，仔细阅读这四篇朱学恒介绍 Randy Pausch 的文章。

http://blogs.myooP.S..org/lucifer.php/2007/12/16/randypausch2《Randy Pausch 的最后一堂课之后……》

http://blogs.myooP.S..org/lucifer.php/2008/03/03/dyingwish《你死前想做什么》

http://blogs.myooP.S..org/lucifer.php/2008/07/10/p342#more342《毕业典礼》

http://blogs.myooP.S..org/lucifer.php/2008/07/26/randypauschfinal《Randy Pausch 教授，再见！》

我很喜欢 Randy Pausch 演讲里，关于实践梦想的这一段话：

“这道墙不是为了阻挡我们而存在，这道墙让我们有机会展现自己有多想达到目标，这道墙是为了阻止那些不够渴望的人，他们是为了阻挡那些不够热爱的人而存在的。”

① Randy Pausch： 美国卡内基梅隆大学的计算机科学、人机交互及设计教授。主持“人与计算机交互”课程长达十年，是虚拟科技的先驱者之一，还撰写了《世界百科全书》的“虚拟科技”条目。2006 年 9 月，他被诊断患有胰腺癌。2008 年 7 月 25 日，终因胰腺癌并发症在家中去世，终年 47 岁。

很酷，很热血，我都这么觉得，大家也理当如是。

不过看了演讲精选后在电脑屏幕前用力鼓掌很棒，虎目含泪很棒，心头一热很棒，将演讲的youtube链接到处转寄很棒，但我相信Randy Pausch希望演讲能传达的不止如此。

每个人随时随地都在快乐实践梦想，这个世界才会变得更有意思。想要过着很酷的人生，听起来很幼稚，但幼稚得很勇敢。

我喜欢关于电影的一切，过去从奇怪的方向评论电影，用小说演练电影分镜，解构电影当演讲内容，从电影谈创意，硬要被电影启发人生，接单写电影剧本，卖小说电影改拍版权……但这些都比不上，嗯嗯，你了解的。

无论如何我想拍一部电影，试着再亲近电影一点，虽然我的才能极可能不足，虽然我评论电影打嘴炮的能力一定强过我自己拍出来的东西，但……我想大笑，不想捶墙壁！因缘际会，我今年会动手导演一部剧情短片，我会努力去干。而且我一定要干得快乐。

从小，放空就是我的强项。

风很大。

7.69 分就能上大学，是又怎样？

2008.08.09

继去年 18 分就可以上大学之后，今年 7.69 分就可以上大学。记者打电话问我看法，我说，真的好低分哦。不过低分就低分，我觉得想念就去念吧。

现在高中都快变成全民的义务教育了，大学教育也默默跟进，好与不好，我说不上来，并非冷眼旁观，只是觉得社会整体会自行发展出新的“人力资源竞争力辨识机制”，才没有白痴到“只要是大学毕业人生就有搞头”。但如果你要说现在大学生的竞争力不如以往的大学生，我同意啊，因为以前的大学录取率很低，在我的年代大概只有五成，可以上大学的人都是干掉另外百分之五十的人才挤进门槛的。

但，话又说回来，二十年前的高中毕业生，他们的竞争力也比现在的高中生强啊！结果我们的社会有变得比那个年代更虚弱吗？不过就是普遍学历越来越高的自然现象。

然而我很度烂那些假考部队，不过又是虚伪矫饰的精英主义借社会正义大鸣其鼓——喂，跟那些被你们列为低一等级的人同处相等的学历阶级，才是真正让你们不舒服的地方吧？是吧！是吧！

（借一下强兽人的博客

http://blogs.myooP.S..org/lucifer.php/2008/07/24/fakeexam 《假考部队的新闻有多假》）

（强兽人又更新

http://blogs.myooP.S..org/lucifer.php/2008/08/08/p365#more365《他妈的上百人假考部队在哪里？》）

扣掉假考部队的假正义，我想可以讨论的两点是：

当社会放了很多资源在广设大学教育上，是不是对的方向？

如果这样的资源分配对社会整体没有帮助，甚至有负面效应，政府该不该立法干预录取的最低门槛？

然而这么严肃的层次（严肃到有点无聊了），我通常是不加以讨论的，因为我是人生至上主义的实践者（……什么时候有这个主义了？）。我从这个地方开始思考："如果每个人想上大学就可以上大学，而这个机制对服从它的这些大学生来说，是不是对他们的人生有帮助？"

如果大部分的人开始发觉，光是上大学并不会对他们的人生有帮助，实际上也学不到他们想学的东西，就算毕业也得不到好工作的话——他们退出这个"非常普及的大学教育机制"，日积月累，有没有办法改变这个游戏规则？也就是说，我觉得那些被媒体点名拿出来讨论的低分录取的学校，它们的存废，应该由就读它们学校的学生来决定，应该由几年下来的毕业生表现而决定，这算是一种自然淘汰赛制。至于有人考了8

分就想念大学，那是他的人生，没妨碍到任何人。

媒体把他想念的科系搞臭了，最好是举证那个系所的师资有问题（学历造假、没发表论文、师生关系很淫乱、系主任收贿笑呵呵这样的事），至于那个系所就是想低分收学生，他们面对的问题就由他们承受就是了。

另一方面，我们来想想，大学是一个什么样的地方？

社会在讨论这个问题时，都把大学当作是“人力资源产生器”，把从大学毕业的人当作是人生履历表的第一站：“台大→新竹科学园区联发科工程师→人生第一台车→人生第一栋房子”。如果这个履历的第一站，没办法帮助你取得下一站的门票，例如好的工作，例如好的职称，就算是失败的学历？

但大学给我们的，岂止是学科成绩单上的分数？

我是交大毕业的，89 级，管理科学系，幸运延毕过一年。

老实说，我当然有能力念完交大管理科学系开出来的每一个课程，只是大二之后我就对系上开的课失去兴趣，因为系上打算制造出来的那种产业精英，跟我原本幻想的、将来想成为的那一种人南辕北辙。

我没兴趣，也就念不好，很多跟数学有关的课我都修了两次以上，包晓天老师的线性代数我修了五次。包晓天老师的概率我也修了两次。陈英亮老师的 OR（忘记翻成中文怎么翻了，作业研究？）我修了两次。王克陆老师教的会计上下两学期我都只拿到不多不少的 60 分。统计我忘了到底修过几次，想不起来！

我拿到交大文凭的那一天，我深刻了解，交大给我的光环要胜过我真正拥有的竞争力。我只是有能力毕业，但其他呢？不知道的人还以为从交大毕业就很猛了，可我知道我的学科能力弱得惊人。

我不是一个优秀的绩优生，但，我热爱交大。

我真的很喜欢在交大度过的五年时光，我在浩然图书馆、清大的老图书馆度过太多不专心的备考时光，在那里面拥抱了数量惊人的杂书，看了好多电影。我在 NCTU 版上打过十几次的大规模笔战。我爱上过一个女孩，女孩教了我很多事。我参加了辩论社，虽仅仅一年，但也获益良多。打了很多任务，遭遇无数事。更要强调的是，这辈子让我心智大开的，不是什么赫赫有名的哲学大师，而是跟我的室友在无数个彻夜辩论中启迪了我的思想（我大概也让他们看到了什么叫恣意妄为的人生之道），在此同时，我的室友们也用独特的方式在课业外开创了他们的人生，让我实际见识到“人的特质强过学校加持”。

我那一届管科系毕业时，同寝室四个人只有一个成绩中等，包含我在内的其他三个人，成绩都在全系倒数十名内——号称管科 89 级成绩最烂的寝室。

不过呢，其中一个成绩很烂的室友在大学时期就开了一间公司，在我们都还在骑机车吸废气的时候，他就买了一台七十几万的轿车，每次开同学会就会收到印好他最近开的公司名称的新名片。

成绩最烂的那个，过去几年在荷兰的 Benq 工作，今年申请到华盛顿大学法律博士的全额奖学金，7 月已经搭飞机去美国过他的唬烂人生。

我在写小说，老是自称要借此征服天下。

没有爱过交大，我难以成就今天的自己。我也希望未来某天，交大能以我这个成绩很烂的毕业生为傲。

大学，不该只是被当成人力资源的产生器，会这样想之当然的人，我大概可以想象你的大学生涯只是充满了哪些东西……没有不好，每个人都有他的选择，但要因此轻贱别人，还早！

我的大学室友们，除了最左边的义智外，其余成绩都很烂。

不要让梦想变成梦遗

2008.08.10

两个星期前我写过一篇博客，叫《加油，人生已经开始了》，大家反应热烈，但我注意到在这篇博客底下，有个位居218楼的读者“rociosnow”响应了这两句话：“其实我很害怕，梦想变成我逃避的借口。”

我想我明白这个网友在说什么。我常常说一些鼓励大家朝梦想前进的话，经常被大家引用的两大段话，其中一段是这样写的：

梦想不是挂在嘴边炫耀的空气，而是需要认真地实践。

等到对的风，我们展翅翱翔。

没有风，只要拥有足够强壮的翅膀，我们照样拔地飞行。

人生最重要的，不是完成了什么，而是如何完成它。

天空见。

这一段话，以第一句话最重要。如果你整天将梦想挂在嘴边，却一点也没有在做一些实践梦想的暖身运动，那么追求梦想的论调，就只是你逃避“人生需要努力”的借口。

用超低分考上大学，绝对不是可以用骄傲的语气拿出来臭屁的事，仅仅7.69分，实在很低，可以说是毫无标准。如果你常常把“读什么学校不是重点，实力比较重要”这个论点当作是反击文凭主义的挡箭牌，久了，你就会习惯拿出下一个挡箭牌“实力不重要，要紧的是你有没有拥有梦想”。接下来，长期拥有梦想却只是每天努力梦遗的你，几年后就会开始信奉下一个座右铭：“梦想只是成功人士催眠出来的幻觉，重要的是你过得开不开心！”更多年以后，懒惰到没有学历、也没有一技之长的你，终于发觉自己没办法开心，也没办法让家人开心，情非得已下，你只好相信：“人终将一死，是非成败转眼成空啊。”到头来你什么也没做。

没有确确实实努力过，只是热血地信奉一些热血的格言，你的人生就只是一堆句子的总集合，扣掉这些，什么也不是。

人生，要流汗的。

尽管我们迟早都要接受很多汗水都是白流的事实，但不流不行。因为没有流过那些莫名其妙的汗水，不会有强壮的人格体质。

发哥讨厌别人拿枪指着他的头，我则很讨厌别人用说教的语气跟我讲话，但我更讨厌很多人“把自己明明就做不到的事，讲得很稀松平常……没什么了不起嘛”，如果我非得用说教的语气反击这些人，我会做。所以以下一段全是很鸡巴的说教！

从来我就觉得，可以把书念好的人很厉害，因为我在高中时期彻底尝试过了“努力用功”这一件事，虽然个性搞怪，但我可是老老实实把大部分的时间都拿来念书，极限了，我很多物理观念都一知半解，为了得分我只好用自己幻想出来的“创意”径自理解它。化学，虽然分数一直不差，干，但到了最后阶段我都用陈建宏教的暴力记忆法去抢分数。数学我则很幸运，为了帮沈佳仪解题我变得挺罩的。

反正我就很用功，但不管我再怎么努力，我就是赢不了我们班上前十五名（其实就是全校前十五名的意思，能力编班的常态）。我深知在念书上的天资有差异，不过成绩赢我的那十五个人，我想私下也非常用功，没有浪费了父母生给他们的好脑袋。

如此用功三年后，我甄试上了交大，应该是我努力用功生涯的极限了。（甄试上后，班导跟我爸都希望我放弃资格，冲冲看联考考医科。我疯了才这么做！我太清楚除非文昌帝君上身，或是哈棒帮我去考，不然毫无指望。）

后来我展开写小说征服天下之旅，到建中、北一女、师大附中、中山女中、台中一中评审文学奖时，我都觉得挺荣幸的，因为我所看到的那些彬彬有礼的孩子，都是在“努力用功”这一点上狂赢我的人，他们做到了我做不到的事……而且他们竟然还有闲暇写小说！所以我不会说，努力用功又怎样？成绩好又怎样？读好高中又怎样？

很怎么样啊！

底子扎实的高中生上了大学，如果还能继续努力用功，我想学习到的本事没道理比高中乱读一通的人还少吧？

我不过就是非常反感就因为书读得好就把其他人看扁的那种叽歪精英。

回到 7.69 分念大学这件事。

“大学生”这个名词已经被整体社会、媒体给污名化了，原因在哪里？

原因在于大学太多，升级的、改制的、新设的大学越来越多，生产出来的大学生当然很多。负责核准的教育部要担责任，买地盖学校的那些人也要负责任。

那么，这些人是哪些人呢？

这些人就是发明了“草莓族”名词贬抑他们下一代的大人，这些人就是当年控诉大学入学门槛太高阻碍小孩求知求学的权益、让小孩读书不快乐的大人，这些大人为了自己的利益弄出一大堆学校，然后呢？

这下子好了，大学那么多，大学教育演变得普及了，这些大人现在才要戴上面具，回过头来用忧心忡忡的语气教训这些孩子：“把世界交给你们，真让人不放心啊！”

吃大便吧！你们这种烂大人才让人无法信任吧！

念了大学，不代表你就可以从那一所大学毕业。今天大学把大门放得很宽，用滚的都可以进去，这个现状可以有许多关于学术自由、有教无类的名目作为解读，但如果将来毕业的门跟入学的门一样宽，那才是真正说不过去。

重点来了，“有教无类”的意思，并不是直接发给你一张毕业证书告诉你人生就是这么便宜，顺手就可以拿走你想得到的东西。

7.69 分进大学的意思，应该解读成，你以后要比别人更努力，才能毕业。

7.69 分进大学的意思，应该解读成，你以后要比别人更努力，才能毕业。

7.69 分进大学的意思，应该解读成，你以后要比别人更努力，才能毕业。

如果你无法毕业，在读大学的这个过程中，希望你不要虚掷了光阴，而是想办法从大学丰沛的学术资源中，带走了一些对你有用的知识，或得到人生的启发。

低分进大学是一回事，高分进大学也不见得是好事一件，因为我们常常被分数志愿表迷惑，常常被社会人力资源的需求给迷惑，最后他妈的填错。

（请参考　http://www.wretch.cc/blog/Giddens/4789391《过重的父母期待》）

进了大学，就算你猛然发现读错了，如果你觉得重考很度烂，无法来个壮士断腕，那就好好把书念一念等毕业吧（念错系不稀奇啊，我看有一半的人都会说自己念错了系），在这个过程中想办法到你有兴趣的系所旁听课程，试探自己的潜力，或者干脆花心思准备转换跑道的研究所考试。

大学可以填错志愿、误解自己的喜好，但大学毕业后，考上某某研究所，你要抱怨说研究所也读错了，只能说你过去四年活得真白目啊！如此，纵使大学念错了，毕业后虽然拿一张可有可无的文凭，但至少——你知道下一步要怎么走。

我说过了我在念交大时，本科系的必修都修得很烂，但我对传播有兴趣（当时我想到广告公司上班，写文案或想创意），除了把通识课表上关于传播的课全部都修过一遍外，还想更进一步，念点难一点的东西试试看。刚刚好我那成绩烂到爆炸的室友对法律很有兴趣（记得吗？今年7月他跑去美国念法学博士了），于是我们两个大三生就一起跑去学交大传播所修硕士班的“传播法规”课程。开课的李老师跟几个一起修课的硕士生都觉得我们很扯，一开始还想劝退我们。我们要念很多国外的知识产权的判例，还要每周轮流报告，我室友英文很强，把原文书当中文书看，但我可是很努力查了一个学期的单词，最后我们都拿了85分，李教授还帮我写过推荐信。

我大学没有把系上开的课学好，但我可没闲着，我总算在这个阶段弄清楚了我的兴趣，并相当努力地准备了研究所考试，研究所考了两次，第一次全部都没上（太幸运了真的是！），来年一边写小说一边准备，后来考七中四，选了离我家最近的东海社会学研究所去念。（过程请见我快要出版的新书《这些年，二哥哥很想你》啦，那本书写得太详细，赘述很累，我很喜欢东海啊，私立的又怎样？不懂PTT乡民是瞧不起东海哪一点啊？）

这一大段从《猎命师传奇14》那边抢时间过来的东西在写什么？

梦想不是拿来拥有的，需要认真地实践！

梦想不是拿来拥有的，需要认真地实践！

梦想不是拿来拥有的，需要认真地实践！

十年之后，你应该将努力实践梦想的过程，浓缩成一句属于你自己的座右铭。

不要回过头来，赫然发现你人生最猛的战绩，不过就是：

“哈哈哈，告诉你，当年7.69分就上大学的那个人——就是我啦！”

Every man dies, not every man really lives（每个人终有一死，但并不代表每个人都曾真正活过）

2008.08.15

请大家先去看这几篇博客：

http://blogs.myooP.S..org/lucifer.php/2008/08/05/p362#more362《大县长与小警员》

http://blogs.myooP.S..org/lucifer.php/2008/08/10/p369#more369《给吴道源警员的一封信》

http://blogs.myooP.S..org/lucifer.php/2008/08/12/p371#more371《给吴道源警员的55封信》

http://blogs.myooP.S..org/lucifer.php/2008/08/13/p373#more373《给吴道源警员的99封信》

http://blogs.myooP.S..org/lucifer.php/2008/08/15/policeman7#feedbacks《小人物的小小温柔》

（其实看到一半就可以出来了）

前天我去漫博会场颁尖端的浮文志文学新人奖，同样是评审的朱学

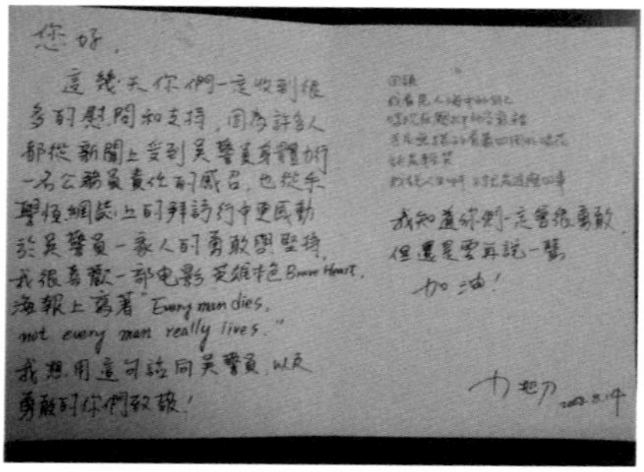

您好，

這幾天你們一定收到很多的慰問和支持，因為許多人都從新聞上受到吳警員身體力行一名公務員責任的感召，也從朱學恒網誌上的拜訪行中更感動於吳警員一家人的勇敢與堅持，我很喜歡一部电影 英雄本色 Brave Heart，海報上寫著"Every man dies, not every man really lives." 我想用這句話向吳警員以及勇敢的你們致敬！

我知道你們一定會很勇敢，但還是要再說一聲

加油！

九把刀

要的不是什么热血。

恒也去了，他科科科地拿了一张卡片给我，说："我知道你根本没时间去买卡片，我都准备好了，干，你快点拿去写！"我看他还有一大堆卡片在背包里，于是我也帮小内多挑了一张。

我说，我这几天还在考虑要不要将他这篇募集卡片的博客链接在我的博客上，因为："我怕把你的活动弄臭了。"

朱学恒说："没关系，我已经很臭了。"

我这么说的原因很复杂，因为这个社会总是有人不厌其烦为你的行动详细附注解释，这个活动在朱学恒的博客上发起当然没有问题，在其他人的博客上串连响应也不会有问题，但如果摆在我的博客上呼吁，卡片的量一下爆增，加上可以想见的许多留言内容……如刀大好棒啊、支持刀大的热血、快点支持朱大的正义，我就断绝了把这个活动放在自己网页上的念头。此外，最近我的信箱也接到一些读者来信，提醒要我支持这个活动，因为"这个活动很热血"。我看了，特别觉得心惊，更坚

定了我只要把卡片寄到吴警员家里就好了的决定。

对我来说，这个募集卡片的活动有两个意义：一个当然是给予吴道源家属的安慰与打气；另一个，就是借由写卡片的行动，让参与的大家认识光明的社会价值。

——但绝对没有包括“这个活动很酷，呼朋引伴一起写卡片很热血”。

这么想，如此解释，很让人灰心。这种热血效应一旦无限扩大后，本质就会变成一种假造的英雄光环，到了最后朱学恒就变成了大善人（虽然强兽人常常说他造桥铺路行善积德，但为什么还是没有正妹接纳他的肉体呢？！），而吴警员就变成被乡民追捧的民族英雄，甚至写卡片的大家也开始沾沾自喜起来，而失去了大家一起写卡片的真正意义——那该是一种单纯而善良的价值。最后也一定会出现“那个人又在沽名钓誉了”这样的冷言冷语。

我去看电影《蝙蝠侠：黑暗骑士》时，面对小丑操弄人心地犯罪，蝙蝠侠愤慨地说：“他的确找到了我的弱点。我的弱点就是——蝙蝠侠不能被误解！”

我想这也是许多强者的死穴，也是我的。我想大无畏地活着，我敢跟迥异的价值对着干，我可以大剌剌为了想保护的东西被干成言论暴力的猪头。但我就是不想被扭曲，拒绝被误解。

默默写一张卡片寄过去简单多了。

只是呢！

朱学恒常常宣称他没有这个死穴，他说男子汉就该放手去做自己认为对的事，不需要他人的理解……干，我想他是还没有遇到被暗黑千人杀捅到这个死穴过吧。

不过这个世界如果没有天真的人，也就不存在着改变的力量。

谨将我的卡片放上网，希望这个募集卡片的活动能够充满意义地继续壮大。

宅王朱学恒，你在上一本书用的照片太唬烂了，我决定揭穿你。

生日快乐给我自己，谢谢大家一直陪着我航向伟大的航路！

2008.08.25

昨天全家人一起“咻咻咻”来到了巴厘岛，有奶奶、爸爸妈妈、哥哥大嫂、正在学走路的小侄子、我弟、小内、我自己，浩浩荡荡九个人耶，只差柯鲁咪很可怜没办法跟 :~

哈哈，所以今天生日就在巴厘岛过啦！

这阵子真的好夸张的事情很多，推掉了很多，但接下来的工作都是令我自己相当着迷的东西，代价就是左支右绌。

在工作最忙最累（幸好不是最彷徨）的时候，被预先定好的行程强制丢到国外，应该是快乐的命运吧！我就在这里悠闲地看天看海乱写东西啰！

三十岁了，应该要写篇“升级了”之类的感想，但谁要在巴厘岛写这种东西啊！

总之谢谢大家的生日快乐哦！ :D

我会继续带给自己快乐的（咦？这个时候不都要写带给大家快乐吗？）也会很快乐地在三十岁以后陆陆续续完成许多梦想，真的，这些年我真的很高兴！太高兴了！所以就让我一鞠躬谢谢大家啦！

鞠躬。

飞机上睡觉。

《海角七号》，实在是相当的好看（快上映的《囧男孩》也很棒）

2008.09.02

昨晚去看了《海角七号》。

好看。

真好看。

通常一部电影影评写得太长，干，那一定有问题，如果不写多一点，影评人怎么骗你进去看呢？如果不多写一点“此片如何透过晦涩但高超异常的技巧，来反映出社会的意识面向”的赛恁老师听不懂的话，怎么唬烂你看到想睡觉是因为你没文化素养呢？《海角七号》，“拍得真好，快去看”——这七个字就很够用了！任何写了跟“本土片”有关的影评都可以不用看了，因为它的好看跟是不是本土片无关，

我在戏院听到的爆笑声也跟它是不是本土片没有关系。

10月我就要拍短片了，虽然片种相当不一样，但看了《海角七号》后很受激励，我不敢说我自己也在追逐电影梦想的行列里，但好的作品

我的新招！

真的可以打动正在尝试创作的人。我没有因此多出自己也能拍出好作品的信心，但我会记住昨天晚上电影厅里的感觉。

另外，前一阵子我看了《囧男孩》的试映，拍得也真好！我想找梅珍阿姨合作我的短片，希望可以洽谈成功。想必很多人都还没看过《囧男孩》，所以就先不雷大家了——希望正式上映的时候也能如同《海角七号》一样获得热烈的回响。

这学期开始，在实践媒体传达设计系教课，请大家多多“包皮”

2008.09.10

对一个已经脱离学生生活很久的人来说，我还在用“这学期”“上学期”当作时间单位，实在是非常奇怪。

我持续使用的原因有三：

一、小内还是学生，她的暑假就是我的暑假。

二、我常去学校演讲，7月8月都没什么学校邀我，开学就爆炸。

三、新的原因。从这学期开始我会在实践媒体传达设计系上课，上的课名我还背不起来，但我打算上“如何说故事”就对了，对象主要是大二的游戏组学生。这就是我今年在香港边签书会边玩的时候接到的那通电话。

一直我都有个想法，就是将我的“念”传递出去。

通常学校请我去演讲，都只是短暂两个小时的时间。在彼此都陌生的情况下，两个小时可以说什么？

本来我的题目共有七八个，但讲到后来我发现，最多人会感兴趣的还是“开始写小说的前五年”跟“幽默救世界”，如果我在学校大礼堂讲如何写小说、讲网络文学的起源发展史、讲《猎命师传奇》怎么写出来的、扶老奶奶过马路的正确姿势，底下至少有一半的人都不感兴趣——我干吗要为了自爽去害人啊？（害人还拿钱！罪加一等！）

所以后来只要是第一次接触的高中初中，我多是挑颇有励志“笑果”的“开始写小说的前五年”来讲，至于“幽默救世界”有超叽歪的“手枪王”桥段，只能在大学里讲（还不一定能讲），所以封印好一段时间啰。

唯一例外的是，我去过华梵大学担任驻校作家（我觉得这个抬头很酷，很像战地记者），对着疑似同一群听众连续四周讲了四场演讲（还没用到“手枪王”咧），那四场都没有重复主题的演讲算是罕见。

所以，念有限。

但我一直想挑战看看，设计一连串跟“说故事”有关的课程，从电影、漫画到小说等我惯用的媒体与素材去组织我的念，把我的念说得有趣有意义。

就我自己来说，把我的想法说给其他人听的过程中，也能够后设地重新理解我的思路。

这套课程肯定不成熟，但没有度过不成熟，就不会有发展完备的一天。没有对象的课程只能写成书，太无趣，我想在有互动的情况下完成这个课程。所以我当兵的时候就一直在计划（说计划，也不过是拟订课程），在退伍后也许可以来个周游列校、每年都在不同的学校“教说故事”。没想到几个月前曾去演讲过的实践大学很快就来邀了，实践超酷啊，学校厉害，想必我会有一批很厉害的学生可以让我实验。所以我就非常高兴地答应了。只是这个合作太晚发生了，学生选课也选下去了，导致我早就塞爆的行事历面临重新整理的压力，我请我的经纪人帮我全力调开既定的演讲，让我尽量执行应该待在实践上课的时段，可惜还是有几场演讲死都排不走（例如学校周会等等），或我有别的特殊安排了（光拯救地球就排了两天），只能用一大早补课的方式去排排看。

请有上这堂课的同学多多包皮啊。下学期如果系所那边还愿意合作的话，就不会发生这种很囧的情况了。

关于点名……系办说一定要点名，虽然我自己也不喜欢被点，不过点别人——靠，我可以接受啦！（←此人没品）所以大家要来上课，上课是一件好事，会有好康的。

虽然迟到总比不到好，但其实前一天晚上禁欲，早上十点的课就不会赖床了知道吗（笔记）？

最后强调，有上这堂课的同学们，说好补课可以选在早上八点上课不要唬烂我啊！我的肝也是肝，早上大家一起吃鸡精补回来就好了！

此外，今天去竹北高中演讲也是很棒的经验。果然引言开场的老师一说，秩序就变成五星级的了，演讲过后的掌声之久大概超过我任何一场演讲后所得到的。老实说太长了，我应该没有那么好，谢谢！

两个小时的演讲，有的学校会希望我拿九十分钟演讲，三十分钟签名，但事前我跟竹北高中的老师沟通过，我说希望待在学校的每一分钟都拿来演讲，比较不浪费大家的时间，毕竟不可能每个人都想要签名（排队也很闷），且更重要的是，演讲有意义太多了（除非表演踢毽子、漱口、打麻将），如果再多给我半个小时待在竹北高中，我毫无疑问继续多演讲半个小时，累多了，但大家得到的不会只是一张纸。

所以很抱歉啰，我耗尽一百二十分钟演讲的结果，就是无法用签名会缓冲演讲后的气氛，匆匆就去赶高铁了，不要觉得我叽歪啊，是我很在乎。

谢谢竹北高中，今天我们都很快乐！

在 Mac 上的视讯随便拍的。

安慰小内的五步骤

2008.09.11

【ELLE 专栏】

上个星期跟死党在阿和家打麻将的时候，无法专心打牌的阿和正跟女友吵很大。看着阿和不断被挂电话，我们聊起彼此跟女友吵架的经验。

这辈子刚交女友不到三个月的老曹，显然无法加入我们的话题，他欠揍地说："我跟她还没吵过架。"

我冷笑："你现在整天都想做色色的事，当然没架可吵。"

该边引述每一本恋爱励志书都会提到的观念："其实男女之间吵架，并没有谁对谁错。"

我冷笑："那句话一定出自女生的嘴巴。事情当然有对有错，只是看要不要计较罢了。"

阿和在百忙中不忘同意，狠狠说："对！只是不想计较！"

整晚的麻将就在男女吵架的话题中度过。重点是，我们都劝阿和无论如何都要低声下气跟女友道歉，毕竟啊，反正这件事阿和最后无论如何还是得做，不如早点五体投地说对不起，架也可以提早收工。

隔天，阿和就卑贱地展开了和好之旅，害我们的麻将三缺一。

恋爱没有真理。但我得强调有一句话非常接近真理——

如果两个人刚刚在一起不久，吵架是感情增温的征兆。

两个人不管如何喜欢对方，成长的历程不可能全然相同（兄妹恋不在我们的讨论范围啊），习惯、品位、爱憎都有差异。才刚刚在一起，热恋啊，一定会特别珍惜对方的感受，都马上尽可能地容忍对方跟自己的歧异，不敢、也不想吵架。得过且过，或干脆装瞎。相处久了，若一直容忍下去都不爆发，我看只会精神分裂，不精神分裂，也会很闷很闷。期中考念的都没考出来已经够闷的了，老板发现你一边上班一边偷用 MSN 已经够闷的了，谈个恋爱干吗搞得自己那么闷呢！要是“终于愿意”吵个架，大概是双方都觉得两人的感情已经具备“来吵个架吧”的基础，觉得“激烈碰撞一下也不至于分手吧”！

例如：

“你说！为什么我变身成林志玲你才肯跟我上床呢！”魔形女咬牙切齿。

“你为什么老是在做爱的时候，还叫我戴面具！”蝙蝠侠大吼。

“克拉克！你非得一边拯救地球一边跟我讲手机吗！”露易丝怒了。

“你干吗在跟我做爱的时候生气？我这样很痛！”浩克的女友哭诉。

只不过，我的情况又更复杂了点。

我大小内九岁，又在创作的领域有点成绩，不管是年纪或社会地位都颇有差距——但把这两个距离放在恋爱的领域，这些差距可以当作是相处上有趣的点，却绝对不想成为让彼此无法靠近的斥力。

我很怕，小内对我有所埋怨时，只敢把气往肚子里吞。

还记得小内第一次在捷运站对我摆脸色的时候，我心中竟是大呼一声："YES！"

但女孩生气生习惯了，再可爱也有限啊！有很长一段时间，我真怀念小内对我百依百顺的短短两个星期（望向远方）。

我从不矫情地认为，吵架对两人的关系有正面的帮助。喂，可以一边亲小内一边讨论事情，我绝对不想用吵架的方式解决问题——因为好烦啊！问题也常常不会解决啊！

于是我们约定好，不管吵多大的架，一个小时一定要和好。

"对不起，是我不好。"十有九次，是我先开口。我太没耐性。

"把逼，对不起，你不要生气了好吗？"小内只要一开口，我绝对照单全收。

这个强制停火协议，大概是我们所有甜蜜约定里"最有用"的吧。

吵什么，常常不重要。再怎么要任性、再怎么冷战、再怎么撂狠话，

很喜欢这张，有FU（feel感觉）。

保存期限统统不会超过一个小时。毕竟我们在一起不是为了整天评比谁对谁错，没有什么比快快乐乐说我爱你还要重要。

以下提供一个求和家庭常备急救箱，跟一帖快速绝伦的快乐特效药。

星爷泡面，有“吹含吸舔扣”五大步骤，安慰小内也有“拍摸亲笑抱”五大要诀，缺一不可。

拍，就是有节奏地轻拍小内的背。

摸，就是温柔地摸摸她的头。

亲，当然就是将她脸上的眼泪亲掉，没眼泪的话就亲到她嫌我口水脏为止。

笑，一直笑最重要，因为我就是靠着“我笑你就笑”这五个字追到小内的。

抱，快和好的时候要快点抱抱，最好是抱到小内都快喘不过气求我放开她。

基本上，只要有条不紊地执行这五大步骤，被我气坏了的小内就会慢慢冷静下来，说：“过来，我要咬你。”

“……好。”我只好将袖子卷起来，让小内咬到气消为止。

有一次不晓得在吵什么东西（吵架的原因我大多记不起来，因为情侣吵架的原因几乎非常无聊！），我忘了施展这五大绝技，小内还是处在火山爆发的情绪里，一直推开我的抱。

大家都说九把刀很神，难道是说假的吗！

“小内，不然我们来划龙舟好了！”我突然大叫，两只手作出划桨状，“快！”

“什么鬼啊！”小内呆住。

“划龙舟啊！嘿咻！嘿咻！嘿咻！”我全神贯注划起龙舟，身体前后摇摆。

“……”小内表情古怪，“你干吗在我生气的时候划龙舟啊！”

这时候正是生死存亡的关键，道歉的话就前功尽弃了！

我挥汗如雨，焦急地大叫：“快！快点夺旗啊！”

“夺什么旗啊？”

“那你先帮我划，我来夺旗！”

“什么啦！”她莫名其妙着急起来。

“快！换手！”

我大叫，小内只好被迫作出划桨的动作。

我赶紧往前曲张身体，一把“拔下”终点线的旗子。

那一瞬间，小内终于哈哈大笑，笑得前俯后仰，笑得眼泪都流出来了。

划船约会。

实践媒体传达设计系，有修我课的游戏组同学注意这里哦

2008.09.14

各位说好要常常看我博客的实践同学们，大家都知道下次上课的时间是10月1日，还有约两个星期，这段时间为了不让大家过得太苦闷，所以推荐大家可以先开始看电影、看漫画、看小说。

在我们10月1日上课前，先告诉大家我们这学期的课既然是“说故事”，所以会讨论到许多“我认为有帮助大家了解如何说故事”的素材，这些素材很多，可以帮助我们在讨论上建立意见交叉点。

漫画请大家看《海贼王》《猎人》《死亡笔记》《灌篮高手》《七龙珠》，还有伊藤润二的恐怖漫画精选（东立出版社那一套），当然看漫画的标准是——看越多就越好啦！

但请不要抱着研究的心态去看漫画，谢谢，看得爽就对了，我可不想逼你讨厌一个超级好看的东西。

进阶一点的话，请你多看一个《二十世纪少年》，毕竟完结篇了，朋友是谁也总算清楚了，真人版电影也快要上映了。

小说。

我无法教授各位每一种说故事的方法，我就仅能传授我的，我试图告诉各位金庸的技巧，一定讲得不到位，但分享我的思考模式，肯定办得到。

如果质疑我："赛咧，你就只会教你会的东西！"

我会说："嘿呀，我没办法教我不擅长的事。"

虽然买书当然很值得，但说过到学校上课是我个人的兴趣，不是去推销书的（在四个月内密集针对四十个人推销我的书，是一件蠢不可及的事），所以我们就针对"网络上已有的免费版本"做讨论的基础素材。

我自己选《杀手系列》《哈棒传奇》《楼下的房客》《卧底》《打喷嚏》。

当然看过我所有的小说那是最好，因为我会随手举例。但绝对不勉强完食四十三本书，把我的书当教科书读我会很伤心的。不过各位是游戏组的成员，所以或许我们可以加一个《猎命师传奇》，如果大家有看，我们就以《猎命师传奇》为基础多上一堂《猎命师传奇》的故事构想过程。

电影。

我们这学期要讨论的课，需要借助的电影有很多，有些我们会直接看片段讨论，但绝大多数会请你们当作兴趣自己去看，因为我们不是上电影赏析！

电影是很重要的"说故事的方式"，重点是，也是"我"所熟悉的方式。

以下推荐的电影不见得都是正面取材的电影，有些是让你看着骂的。

日本鬼片：《鬼水怪谈》《七夜怪谈》《鬼来电》《咒怨》。

中国台湾、泰国、韩国、中国香港鬼片：《鬼影》《邪降》《鬼铃》《三更》《断魂梯》《见鬼》《宅变》。

恐怖片：《十三号星期五系列》《恶灵07》《月光光心慌慌》《德州电锯杀人狂》《惊声尖叫》系列、《是谁搞的鬼》系列。

僵尸片：《恶灵古堡》《28天毁灭倒数》（一、二）《活人生吃》《活尸禁区》《生人回避》《活尸日记》。不必全看，自己挑个三部来看就可以了，然后课堂上我们再一起看另一片。

爱情片：《在世界的中心呼喊爱》《现在很想见你》《泪光闪闪》《情书》。

导演取向的电影：

杜琪峰（《枪火》《PTU》《放逐》）当然多多益善。

奈沙马兰（《灵异象限》《惊心动魄》《水中的女人》《破天慌》）

周星驰（大家应该都很熟悉了，但我们主要是看周星驰当“导演”的那些片）。

分类电影：《欢乐谷》《楚门的世界》《刺激1995》。

暂时先这样了，有多的另外再补。

下次上课我会告诉大家这学期的评分标准，以及期中作业与期末作业该长什么样子，谢谢！

在机场盘坐写小说。

《狐狸与我》

2008.09.21

最近很忙。

人啊，通常说自己最近很忙，都有一种“自我称赞”的暗意，表示自己真厉害啊怎么有那么多事情可以做都忙不完咧，但！但这两个多月来我真的经常处于时间不够用的状态，然而我比较享受当一个彻底的废物、什么也不做就是约会的日子。

可人真的很奇怪，其实时间不会不够用的，毕竟睡觉顶多就八个小时嘛，剩下十六个小时怎么会不够用呢？如果我可以确实执行每天五千字的黄金战斗力，任何事情都可以迎刃而解。

只是就算我有再多事情要做，且每一件事都重要到不行，也不见得会想把每一刻可以使用的时间都运用在“正经的事情”上。归根究底我是一个时间管理很差劲的人。有时候明明就抢到靠近插座的座位，有时间继续坐在星巴克里多写一个小时，我却忍不住走到外面看两个钟头的漫画。有时候应该要交稿了，我却因为很想开车，只好一个人从彰化开车到台中看电影，故意遗忘出书时间有跟通路讲好了的事实。

像现在，我应该在明天出国前来写个《壹周刊》的连载，免得回台湾后立刻要进入拍电影的最后节奏，干，我哪来的时间写小说？

但，我正在写博客。科科科。

我想这肯定是一种个性上的“自我保护”机制，防止我被这个世界驯养了。

前几天我接到 blog AD 的电话，问我想不想看电影《狐狸与我》，于是我就拿到票去看了。

其实如果我是正常的人类，根本不该去看的，隔天白天在丰原有一场演讲，加上晚上要冲上台北看雅妍跟静美姐定装，隔天也正好是我在《Taipei walker》上乱写连载的最后截稿日，但斤斤计较有没有时间实在很无聊，尤其看电影本来就很快乐，开车也很快乐，开车时有小内坐在旁边那就更快乐了。

一切都具备了，那就出发吧，看晚上 11 ： 20 的场次。

《狐狸与我》是经典小说《小王子》改编的电影，说出来不怕你笑，干，我没看过《小王子》，不过我知道《小王子》里面经常被讨论的一段，就是“驯养”的概念，这也是《狐狸与我》这部片子的要素。

要开心哟亭仪。

电影好看，要说合理票价的话我会给 150 块新台币（约 32.4RMB）。

我原本以为是适合父母带小孩子去看的那种类型，但其实我看了也蛮着迷的，影片前面像 Discovery 或是动物星球频道，好险，大自然真美的感觉没有一路畅快到底。

当然了，《狐狸与我》不是那种天真可爱的片，借着充满欲望的童真去触及“什么是爱”的讨论，影片倒数五分钟的时候，一个画面让我整个人突然陷下座位，心里瞬间空掉。

我一直排斥去看关于动物的电影，不是因为不爱动物，而是畏惧这种心情。

看完已经半夜一点半了，我跟小内走回车子的途中，我聊起另一部片《家有跳狗》的最后一分钟，又聊起被我驯养了的 Puma，忍不住还是哭了。

很高兴，电影给了一个安抚观众的结局。

——虽然我觉得，那不是真的结局。

然后我想要推荐恩佐的新书《寂寞很简单》，虽然我还没有看过，不过我就是想推荐怎样！

今天晚上跟小内去看《六义帮》

2008.10.04

说来也奇怪，我从来没有看过剧场舞台剧，原因不明，可说是没有想过就没有想过，我弟弟倒是很热衷看舞台剧，也有一群喜欢跟他一起看表演的朋友，会买很多表演的 CD 跟 DVD 等，（所以当我弟知道相声瓦舍邀过我加入编剧时，他狠狠吓过一跳，只是当时我忙着去当兵，于是无法合作）但这一次屏风准备推出的《六义帮》舞台剧我蛮有兴趣，因为里头有个方文山，而这个方文山我很崇拜，且他是正跟我同样是担任《爱到底》这部电影的四个短片导演之一，我觉得我已经够扯了，一边写着 10 月底要出版的新书（暂时保密），一边筹拍预计 10 月 9 日开拍的电影。可方文山更扯，用他竟然还有办法跑去演舞台剧！！！于是我实在克制不了去看他如何燃烧用灵魂演戏的欲望。此时，屏风正好打电话邀我去看戏……我该说是美妙的巧合吗？！

幸亏屏风邀请，不然今天晚上我就少了很多思考跟感动。许多人会用文化分析的角度去解构他们所看到的表演，很猛，我这个人比较俗，就让我用站在一个纯粹带女友去看表演的幸福宅的角度，来写一些东西。

舞台的设计与变幻，我觉得超级厉害的，迅速自然与确实，让我大为叹服，可是在剧情的推展上，交错着三段时空，同一个人饰演不同的角色，加上一开始人名与角色设计我跟小内都记得不是很清楚，所以常常陷入迷惘，想要用“理解”的角度去看戏，大过于去“享受”演员的表演，有点辛苦，无法全神放松，甚至想听清楚每一句对白（干，太难了吧）所以后来我不自觉地干脆放弃理解，改成用“随便”的心态来看，后来中场休息时，神出鬼没的王月姐突然出现，笑嘻嘻地问我跟小内好不好看，我说场景变幻超厉害让我超惊讶的，小内赶紧点头说很好看，王月姐用很坚定的表情说：“等一下的戏更好看！”但王月姐走后，小内便很害羞地跟我说，可是其实很多地方都看不懂怎么办，会不会王月姐觉得在骗她啊？不过啊，下半场的戏果然非常好看啊，最后小内还看到哭了，我也颇有感触，陷入奇怪的童年回忆里。

小学五六年级的时候，我也跟班上的五个好朋友结拜，成了“六兄弟”，我们一起打架、偷东西、作弊、赌博、瞎整低年级的学弟妹（错误示范科科科）连数字都一样，能不有感触吗？后来我们失去联络，好几年都没有往来，幸好我渐渐比较有知名度了，于是开始收到以前结拜兄弟的信，感觉真好，未来我也会写一些那个时期的回忆纪念一下。

关于《六义帮》，我想如果再看第二次，百分之百没有问题从头了解到尾……但，其实不懂的部分全都舍弃又如何？找到属于自己的感动才是真的。没有了感动，看懂戏剧每一个构成也是枉然，不如回家算因式分解，啊，不是很懂！担纲最重要角色的王仁甫的表现很不错，不过我想 PTT 的酸酸乡民应该没有放过他的打算（干吗啊），我最想看的方文山戏份没有想象中的多，但他的表演也很有自己的趣味，果然是个很乐于尝试生命新可能的才子。黄嘉千，你太棒了，活灵活现，可爱又讨打，每一个细节都是梗……朱德刚的角色设计我最喜欢，超宝的，对白之妙也得配合这么逗趣的表演才显得出功力。写了这么多，其实一点也不专业，不过，干吗专业呢？现在喝个牛奶、买个饼干都要仔细看一下产地，连看个戏都要那么累，何必呢？谢谢屏风的邀请，让我这个以前没看过剧场舞台剧的怂咖开了眼界，于是我也变成了以后会买票去看戏的人。

推荐给大家啰！

恭喜我的前经纪人小炘，《命中注定我爱你》编剧入围金钟奖！

2008.10.04

哦哦哦哦哦哦现在要恭喜我的前经纪人小炘！！

有看过《依然九把刀》那一本书附赠的DVD，就知道我的前经纪人小炘，是一个很重要的伙伴，在我还是一个纯粹很强、但没什么人知道的作家时就在我身边跟我一起战斗了，（当有很多人知道你时，那个强就不可能纯粹了，会加入很多读者自行分析的部分）所以我们不只是经纪人跟战斗狂的关系也是好朋友，就连我们交往男女朋友的时间（我

小炘这张有正！

跟小内，小炘跟小白），都是在同一天！！！后来小炘离开我的经纪公司，跑去三立电视台，当了编剧，熬了很久后，终于写出了超受欢迎的偶像剧《命中注定我爱你》，非常棒的人生转折吧！

今天小炘打电话给我，说她超高兴的，因为《命中注定我爱你》入围了金钟奖最佳编剧！哈哈哈哈，真的很酷啊，希望不只是入围，还能一举抢下奖项啊！

文章的最后，想留给两个蛮特别的读者：一个是天盟的鱼翅，你结婚的时候我人在圣地亚哥，不然我一定会去的（本来兴致高昂地答应了的），现在说对不起，不如祝你们幸福快乐啰！ :)

另一个则是我官网的站长米其屁，前些日子他终于超费工地求婚成功啦，接下来就准备开始过着省钱不用买保险套的人生了，哦哦哦哦这里也给他恭喜一下！

希望大家都能得到幸福啰！ :D

米奇屁和他的主人。

《猎命师传奇14》，谢谢大家的喜欢，首刷即将绝版预告

2008.10.14

很多事情的起点，都是非常怪诞不经的。回想那一天晚上我正在写《后青春期的诗》，小内坐在客厅沙发看日剧。那几天我闲着没事就打电话问盖亚编辑，什么时候我可以看到《猎命师传奇》的封面啊？问了好几次都没有结果，唉，我早就写完了耶，结果最后竟然是在等封面。我穷极无聊就开始拿黑色签字笔在影印纸上画《猎命师传奇》的封面，想说画给大家笑一下好了，当时就想着我一定要用投票的方式污辱大家的智慧，但老实说……我完全没有料到竟然会有人好傻好天真地以为《猎命师传奇》的封面，真的会是两张我随便乱画的东西（没有打草稿、没有先上铅笔、没有在脑中构图），甚至还有读者在自己的博客里干剿我，说我竟然如此不尊重自己的作品、用那么粗糙的鸟插画当封面等等，态度异常认真，让我在电脑前笑到差点疝气复发。

我一方面觉得很扯，另一方面看着大家热烈讨论这两张封面的盛况，很多人咆哮叫我不要再唬烂了，很多人在哀号，也有很多人非常配合地盛赞这两张烂东西，一搭一唱的。我灵光一现，马上就写了一封信给盖

獵命師傳奇
卷十四

獵命師傳奇
卷十四

限量是残酷的。

亚出版社老板，说不妨试试看，把我画乱的东西做成限量版本的《猎命师传奇》——真正的《猎命师传奇》实体书哦，然后放在金石堂跟博客来的网络预购，抓个超级限量的三百本或五百本，我觉得至少一定不可能赔钱、全都卖得掉，更重要的是，大家一定会觉得我发疯了！（居然有那个万分之一的机会卖不完的话，拿去签书会现场再卖一次，绝对是爆赛的逸品啊。）

很多人以为恶搞就是放肆作贱别人的意思，或者误会随便改动原始文本就是很厉害的创意，但其实以上两者都不是啊，常常就是自己以为有趣而已。对我来说，让许多人一起哈哈大笑的快乐就是王道，恶搞也要有一个有趣的核心价值才会迸发出共鸣——我很重视《猎命师传奇》，所以我迫不及待将绝对经典的恶搞方式套在《猎命师传奇》上！哈哈哈，没想到盖亚老板也不是挺正常的，他竟然作出更奇怪的决定，就是每一本首刷的《猎命师传奇》都披上那一件烂书衣，彻底反市场，风险变得很大——不是每个读者都有看我的博客，也就是说，会有很多读者在看到实体书的瞬间，真的以为《猎命师传奇》整个被我放弃了！

有些事就是这样，我们当然可以用最安全的方法营销重要的作品，但人生嘛，难得有“前无古人”的情况可以去尝试，就应该放手去干一干，大不了，下一本《猎命师传奇》再赢回来也就是了。哈哈哈，有个网友在留言里说得好，我很幸福，有那么多人陪着我任性。对啊！就是这样！

以下有雷。

这一次的《猎命师传奇》前传里，我尝试将重点放在人物性格的描绘上。很多时候我们写故事，是着重在剧情上，人物是故事的辅助组件，是顺应着故事的走向去做一些他们必须去做的事。这一次我特别着重在发展人物的性格，剧情是辅助，人物才是主纲，例如我很喜欢写高力浓稠的妒忌、庙老头对坏蛋的透彻分析与实践、郝一西的怕事懒惫（可不是单纯的与世无争啊）、谷歌石必须被崇拜的人性需求、乌禅的英雄落寞与阳刚暴烈……这次前传的下一个梗，应该就会在FH15慢慢揭破了。

本文里，时间动线终于脱离了热闹的那一夜。除了在南京与纽约点燃战火外，同时将大战前夕的各方人马作了总整理——除了乌霆歼与陈木生那一组之外，都作了交代。话说我一直都很喜欢写乌拉拉跟武藏，这两个人再度碰面时的那一段互动，写得我很开心。阚香愁也是我很喜欢的角色，超懒惰的预言诗人，拥有与他个性大不相称的超强能力（至少与乌霆歼同一个档次——这算是雷吗），未来将抢进奇怪的重要位置。下一次的《猎命师传奇15》，不再废话，直接开打大海战，乐眠双棺加上自卫队军舰决战第七舰队，打到就算有人哭出来也不会停。《猎命师传奇》集体将出现重大变化，鸡巴透顶的 Z 组织……嗯嗯，不多说了。顺便一提好了，7–11 的书本单日历史销售纪录，之前由《猎命师传奇 13》创下后连续保持了八个月。

一直没有别本书可以扭它下来，唉，这样下去实在是不行！没人破，我们只好自己来！所以啰，谢谢大家的喜欢，《猎命师传奇 14》打破 7–11 有史以来单日销售的最佳纪录，盖亚出版社昨天已经开始进行《猎命师传奇 14》的再刷！首刷限量的叽歪封面即将走入绝版的不归路，如果你还在期待《猎命师传奇》全部完结篇再一口气搜集的话，我想，这一本可以暂时先入手，不拆封膜。否则——你就买不到啦！

夏天常穿猎命师。

嗯

2008.10.16

什么都可以不要的人，不是勇敢，是很可怕。

“对你，什么才是最重要的东西？” ——需要一直去思考这个问题的人，显然面对着即将一无所有的死境。

选对了，也会失去很多。

选错了，也许才是重生的开始。

有时只是想拖着半死不活的肉块继续往下走，无意识地呼吸也在勉强接受的范围内，因为重生不必然存在，得真正死一次才是千真万确。

大概人都是怕死的，哪怕重生真是必然，计较起时间长短也令人毛骨悚然。

到底现在这个姿态，是走下去，还是看在另一个自己的眼中只能算是逃，不知道，因为我以前根本不必思考这么令自己不屑的问题。

人生没有全都拿的。

我想挑战这句话，只是我已经办不到了。

说

2008.10.16

我说人生中发生的每一件事，都有它的意义。

应该是的吧。

要与不要，都会有它的因果，有时因果会改变它的构造，有时只是延长原本因果时间。

人生九成九九的时间我都误解自己是一个大剌剌接近快乐无知的人，却忘了自己为什么可以如此了解自己的原因。

禀赋用在创作之外可能产生的结果不令人意外，解开了因果，或只是看见了因果。

大部分的快乐无知磨成了尖的那个点，穿透别人的结果还是得扎在自己的手心上。

强制的无情绪是一种保护色，习惯了就不容易受伤，却终会变成一个无情的人。

无情的人可以假造出情绪，却端不出真情感，其结果也不是我要的。

有一种清鼻涕的药我吃了半个小时后就会想睡，我鼻子很差，吃了正好清一清，睡得很舒服是我最需要的，不是，但得说服自己。其实也不用说服，天空的颜色会提醒我。

了解另一个人永远是困难的。

糟蹋另一个人绝对是简单的。

否定自己如果是了解别人的唯一途径，对我来说可能是最不可思议的方式。

但身边的号志告诉我，这就是一条单行道。

没事

2008.10.17

没事。谢谢大家关心。

我还想多试试用“我们”当开头，去写我的人生。

没有热血的峰回路转，只有单纯的连续两晚的倾盆大雨。最后找了把伞而已。

有些事我永远不想写在任何地方，跟任何人交代，只想说最后结果。

幸福快乐是我想要的，所以我的心里有一个洞。

我不想正视它的存在。但我可以用眼角余光，想办法在快乐跳舞的时候不跌下去。

是不是值得只有十年后的我才会知道。当下的我只能凭借感觉。

我想有依靠，也想被依靠。

我不够高，可是我的梦想很高。

我不够强，可是我的笑容很强。

我不够好，可是我对你很好很好很好。

我跟小内还在一起，谢谢。

九把刀跟五月天的合作，故事开始的那一天

2008.10.25

我一直都想跟五月天合作，这不是说假的，自从有一次我在《野葡萄文学志》里看到阿信的访谈后，我就蛮惊讶阿信对于人生的想法与他将想法陈述出来的方式，也有点感动，此后偶尔会在演讲时引述阿信对于人生的某个看法：“人生要有立场，才会有趣。”

不稀奇，却是很珍贵的共同记忆。大家都喜欢五月天的音乐，我的大学生活里也充满了五月天的《志明与春娇》《尬车》《拥抱》《疯狂世界》《I love you 无望》。后来我自己也开始创作了，可以站在创作者的角度用另一种视角去多喜欢五月天一点，我很高兴。

大约是半年前吧还是几个月前？忘了，我终于忍不住请盖亚出版社帮我问问看，阿信有没有意愿跟我合写一本书，连方式我都想好了。

虽然我平常没什么太重视的事，但对于写作，我是极度重视且非常非常有热情的，且有强烈的洁癖——有很多读者写信给我，请我把他们经历的人生故事写出来，或者是请我把他们想出来的点子却没能力完成的故事写成书等等，我都一律挥汗拒绝。

无关故事好坏，我只想写自己想出来的故事。所以我拒绝过帮几个名人写传记、帮电影写电影小说、帮偶像剧写偶像剧小说、帮任何电脑游戏写游戏小说。就连以前我的经纪人大老板柴姐问我要不要帮她写故事改编成偶像剧，我都说不想，因为别人跟我说故事、说灵感、说角色设定等等，最后由我执行统整，这样的过程……多么没有成就感啊！

没有成就感之余，我也会少了很多嘴角上扬的骄傲，我喜欢每个故事都由我自己一砖一瓦砌起来的手感。这也是一种洁癖。所以我都跟柴姐说，我想要单纯写故事，喜欢，你再自由拿去改编戏剧。游戏也是，应该是我写《猎命师传奇》，你拿去改成在线游戏，而不是倒过来。

应该是我写《杀手》，你拿去改拍成电影，而不是倒过来之类的。

回到书。

这辈子目前我就只邀过两个人跟我一起，用各自攻山头的独立写作方式完成一本书。阿信就是其中一个。我不是觉得自己很了不起，而是要说，我真的很欣赏阿信这样有想法、有热情、有特殊气息的“创作者”，恨不得可以并肩作战。

后来，五月天便来邀约这一次的“合作”。

那次与阿信见面的时候，很快破题聊到了“三十岁”的人生阶段问题。

说是“问题”，也不对，三十岁哪有什么问题？应该说是我们对自己明明到了传统定义上的“青春期”都有拼命想延长它的欲望，或者彻底颠覆它的一种傲气。

青春应该是一种热情，而不是一个年龄上的短暂保存期限，尤其有些臭小鬼明明心态就老得过分快，而我们虽然都破三十岁了，对想要活出生命的热力的精神力，却比许多十几岁的小伙子还要年轻太多了，凭什么我们就要被叫中年大叔呢？（靠！我全身上下只有肚子比较接近这个定义好吗！）

阿信偷偷说，他们这一次的新专辑名称就叫《后青春期的诗》，发想点就是五月天踩在人生“青春／中年”界限的感想（我不能替他们说太多，他们怎么想，就由五月天自己大声说吧）。如果我愿意，也对这次的主题有感应的话，他们想邀我一起共享《后青春期的诗》当作我自己的作品名称。

聊天中间不知怎地谈到我被某高中生抄袭又被反婊一道的事件，阿信说他当时就很注意那新闻，好像还有跑来我的博客留言支持我，但当时我的博客每天都爆炸多出很多人所以没注意到。坦白说虽然我觉得自己对到不行，但真正听到有人当着我的面说支持我采取战斗迎击的姿态，我是、真、的、非、常、感、动。

能够合作，当然很棒。

不过，要怎么合作？

立刻就可以想到几种合作方式。

一种是我帮五月天的新歌填词，不过这要我干吗？他们都是佼佼者啊！

一种是我帮五月天写 MV 脚本。这当然我擅长到不行。

一种是我帮五月天写一个极短篇故事，整合在歌词本。这我当然擅长到不行。

“都不是。”阿信微笑说，“我想请你用自己的方式，写一本书。”

这种……我简直擅长到，连我自己都很害怕啊！

“那，你已经有故事了吗？”我问这个问题的时候，头皮有点发麻。

老实说我蛮怕阿信已经有一个故事在心中了，只是要我代写出来。那样不是逼我对向往已久的合作说一些对不起我还是不够幸运之类的话，就是逼着我无限扩大我想要合作的心愿，去崩坏我对成就感的追求。

“没有，完全没有。”阿信说，“你用自己的方式写自己的故事，应该是最棒的吧！”

“科幻也没关系？有点不正常也没有关系？”

“随你啰。”

“有没有一定要的元素？比如一定要爱情？”

“没有，都看你。你的故事你自己决定，你应该也最喜欢那样吧？”

“对啊，我……我超强的。”我终于忍不住科科科笑了起来。

在那一瞬间，我就决定用我自己的“投射身”当作故事主角。因为不管我怎么架构故事，都没有一个角色可以比我更想诠释我自己对“后青春期”的看法，与我想与之对抗的欲望。要用自己，不妨就用得彻底点。

如果有些人已经通过五月天最新专辑的预购，拿到了我的《后青春期的诗》的试读本，应该可以看得出来故事主角跟我自己的联结：“鸡巴报纸头版事件 + 那些年，我们一起追的女孩”。故事接下来的发展，真的就不是你们目前所获得的资料所能想象的，非常……特别！

在聊天中确定了合作的方式后，其实我们都对合作的细节不感兴趣——比如要怎么在商业机制中结盟啦、要怎么搭售才会卖得好啦等等的，我们根本就很懒得聊，我都把时间花在问阿信一些大家会好奇、而我个人非常想知道的……有点机车的东西。想了想，虽然阿信的回答我都非常欣赏，写出来大家的回响也一定很棒，但毕竟阿信大概没有想到我会写在博客上吧，所以我就不写了。科科科！

总之，这次的合作最棒的地方有三个：

第一，是我可以非常早就听到五月天的新专辑。

第二，是我拥有绝对独立的创作自由，跟我自己对“后青春期”的诠释。

第三，纯粹超爽，可以跟我喜欢的创作团体合作，完全就是一种梦想实现。

最后，原谅我必须很臭屁很臭屁地说，作家写书跟歌手的唱片异质合作，在五月天跟我合作之前已有先例，但很抱歉啊我这个人讲话就是那么直……尽管不是第一次，但绝对不会有我们这一次合作那么有魅力。

真的。

五月天很棒，大家都听过新专辑了吧？

我呢，我认真起来，连我自己都会害怕啊！

过几天就等我的新书归位啦！

P.S.1：我的新小说，配上五月天新专辑第 11 首《后青春期的诗》跟第 12 首《笑忘歌》一起听，很猛很搭啊！

P.S.2：干，我忘了跟阿信合照了啦！！！

敢坚持，才有价值

2008.10.28

（竹炭水广告）

记得我的经纪人晓茹姐问我喝不喝竹炭水的时候，我立刻想起一段有点白烂的往事。

有好一阵子我蛮迷竹炭功能的，不仅买了竹炭消臭包丢在车子里，穿竹炭袜，甚至买了几根竹炭丢在电饭锅里，要我妈跟饭一起煮，看看会不会比较香。

比较扯的是，我还真的丢了两根短竹炭到我家的饮水机里的贮水槽，经年累月地跟着水一起加热。后来我完全忘了有这么一回事，直到某天我突然又想加竹炭到水槽里时，一打开，才看到那两根先前放进去的竹炭已经变成了灰白色！天啊！我好像放了至少有一年半那么久都没更换啊！所以我很想接这个代言。

我是一个非常爱喝水的人，所以我也喜欢尿尿。有听过我现场演讲的人，应该都有见识到我在演讲过程中不断不断喝水、大量大量喝水的画面。如果某次我的演讲超过两个小时，就可以看到我自行中断演讲，先跑去上厕所再回来继续讲故事的任性，每次演讲我都会喝至少 800cc 的水，有时甚至喝干两瓶 600cc 的水共 1200cc。

除了女优红音，我觉得自己非常适合担任“水”的代言人。

味丹多喝水这个“竹炭水系列”背后，有个悲伤的故事。

包装水的市场竞争异常激烈，竹炭水其实由于先前销售不佳，被主要的通路给淘汰下架，很多便利商店都已经买不到这个品牌了。但厂商觉得，竹炭水是个很好的产品，蛮不解为什么会卖不好，于是使尽力气想给竹炭水再一次机会，想重新给它新的包装（容量变大了，居然逆向变更便宜）、新一波的广告，将竹炭水重新推到主要通路的架上。

这个故事，跟我自己的人生还真有点……悲伤的相似啊！

我代言的竹炭水，欢迎多喝。

我第一本上 7-11 书架的小说是《打喷嚏》，而且还不是全台湾的 7-11，是仅仅一小块区域而已。《打喷嚏》当时卖得有够烂，所以只上架一两个星期就消失了。很长一段时间我的小说都没有再于 7-11 出现过。

后来也没什么感人的奇迹，我所做的不过是我之前一直在做的，不断写作罢了。要说我很努力什么的，其实我有点心虚，毕竟写作真的就是我很喜欢做的事，披星戴月也是我高兴，没什么痛苦好忍耐。

一直写，一直写，承蒙大家喜欢，我的小说重新出现在 7-11 跟其他许多便利商店的书架上，最多曾一口气看到一共有十二本我的书出现在便利商店的架上，差一本就算一条龙了。

我很开心啊真的。

我是个很擅长讲大话的人，但也很擅长把大话实践出来……很多人由于有批评我的需求只会注意到前者，对于后者常刻意忽略。科科科。所以我说："说出来会被嘲笑的梦想，才有实践的价值，即使跌倒了，姿势也会很豪迈。"这一句超大话，就成了契合"竹炭水"想奋力重回"通路架上"的精神。

话说这次拍广告到了传说中的奥美广告公司参观，奥美真漂亮啊，每一个会议厅都很有特色，看在我这个"不必在里面熬夜工作的人"的眼中，真是个非常棒的工作场所。

我以前念交大管科时，对未来的职业目标相当混杂，大概是：记者、电影编剧、电视剧编剧、综艺节目企划、广告企划、广告文案之类的。我当然觉得自己很有想法跟创意，所以也蛮喜欢跟广告公司的人一起讨论这次"竹炭水"要怎么表达，看到他们，就好像看到另一个可能在平行时空存在的自己。

后来奥美团队想出来的广告内容，我觉得，简直就太酷了。

只是我看到那一句“想打败金庸”我还是快昏倒了。其实金庸是我的偶像，我都是用“三十年后，我想跟金庸并驾齐驱”期许自己要多多努力，“打败”这两个字很凶残，我大概只有在刚刚写小说的那几年会这样胡说八道。

我跟奥美说了我很想用“并驾齐驱”或“终我一生，真想看见金庸的车尾灯”这种我觉得比较谦虚的话，但奥美大概觉得“打败”比较酷，所以最后还是用了“打败”。

唉，这样虽然我一定会被很多人干，但好像也更符合“说出来会被嘲笑的梦想”的定义吧！

值得一提的是，拍广告当天我用的是自己的笔记本电脑，所以我有九成以上的时间都真正在写小说，当时写的是《猎命师传奇 14》里汉弥顿等猎人被服部半藏围杀的过程。每次摄影机在拍，我都自己写自己的，顶多加一些推眼镜的动作，让画面比较有变化罢了。

这种可以一边拍广告一边写小说的案子，真是太愉快了不是吗？

我拍竹炭水广告，正在被导演指导。

虽然觉得有些事不必解释，但不写出来也真讲不明白

2008.11.10

虽然最近我的心情不是很好，不大适合写有意义的文章，不过有些话也是想说很久了，借着签书会结束的隔天什么也不想做的情况下写点意义浓度很低的东西也是好的。

前几天早上我接到一个罹患忧郁症的读者的电话，男的，之前经常参加我的签书会，也蛮热心。（那是在一个我会随便把手机号码给出去的年代，只要跟我要我就给，造成很多后遗症。现在除了五星级正妹外别人我死也不会给啊！）扣掉闲聊天的部分，那位男读者说，之前有好一阵子都没有参加我的签书会，是因为他罹患了忧郁症、女友跑了、经济状况也有问题，而且他觉得我不再是以前的我了，怎么会开始拍起广告，没有认真写小说了呢？我变了，变得不再是他崇拜的那个九把刀了，于是他有种非常失落的感觉。

直到这位读者嘴巴说不要、身体却很诚实地翻了最近出版的《后青春期的诗》，他才醒悟到原来我还是那个原来的我，于是他的忧郁症症状获得了部分的纾解。（中坜场签书会也有一个读者跟我说，他看了《后

青春期的诗》后忧郁症就好了，虽然应该是骗我一场高兴，不过我有被骗得很开心。）

要说我很惊吓吗？也不是，只是觉得“果然还是有人这么想”。我谢谢他提醒我应该说明这件我原本不觉得有必要说明的事。于是有了这篇博客存在的理由。

帮读者牵红线是我的兴趣。

我没有拙作。

干吗不笑啊！

香港的读者很热情。

许多答案我已经在《后青春期的诗》里大剌剌说得挺清楚，那部分就略过不提，有人追问我也只想偷懒请他去看书翻答案，不过也有没提的。

首先是写作。

每天勤劳写作，最终写出一堆垃圾，这种事没什么好炫耀的。我当然不觉得自己写的东西糟糕，我“此生此世”不曾将自己的作品谦称过“拙作”，因为每一个故事我都很喜欢，只有读者可以度烂它们，我自己可没这种感觉。

姑且抛开“写得好不好”的主观问题，如果有个人最近十二个月以来出版了七本书（《杀手，流离寻岸的花》《猎命师传奇 13》《绿色的马》《拼命去死》《大哥大》《猎命师传奇 14》《后青春期的诗》，尚不包括未完成稿），他的状态若不是勤劳写作，干，那什么是呢？

出版八本吗？九本吗？

我永远都可以接受别人说我写小说很烂，尽管他们也许只是翻一翻，但我是绝对不会接受有人说我“忙于旁骛，荒废写作”。太扯了，鬼才信。

话说广告的拍摄其实很不花时间，两次拍广告，各只花了我一整天的时间，当然很累，但其实工作人员才真的爆累，我甚至还可以在现场写写小说，不可能写多就是了。

要说花时间，跟广告公司或厂商讨论我的想法比较多，但动脑筋这部分我相当喜欢啊。

其实广告商，或是产品商找我还蛮多的，最常邀约的就是希望我写一些关于他们产品的博客推荐文，种类五花八门。如果是以前那个穷到吃饭要在桌面收集零钱的我，没问题啊，只要产品我看对了眼，这种案子自然是多多益善，我不打高炮的。

记得我三年前还拿过一次帮写影评的酬劳咧，虽然电影我很喜欢但我还是有拿钱，搞得我现在想起来心里都有点怪怪的。

不过呢，由于我真的不缺这份收入，所以我的经纪人晓茹姐几乎全都帮我推掉这些厂商的邀约了，她希望我的博客永远维持在我随便乱写的状态，不要太商业化，我想干爆什么东西很烂就给它干下去，想推荐什么就干脆免费帮它写。

我觉得这样很好啊，要增加收入，就认真拍个广告推荐，然而博客就是我的地盘，一个大家统统没有自由，只有我跟正妹有自由的美好地方！（大家鼓掌，大叫：正妹好耶！）所以还是维持现在的乱七八糟的好。

记得前一阵子有厂商打电话给我，说要送我免费的电影票。我一边开车一边说："要送我票我超高兴的啊，因为我很爱看电影啊。不过我不保证一定会写好的影评，甚至不保证会写任何影评啊。"

"如果我们提供报酬呢？"

"不需要啊。如果我觉得很好看，我就写免费的送你们啊。"

"……为什么？"

"因为我想要我在网络上写的每一篇影评，都是超真心的啊！"

电话结束，我还是收到了两张公关票，很高兴耶。我就是超爱看电影的。

认真说起来，靠，苹果电脑不找我，书架商不找我（如何打造巨大的书柜装九把刀的书呢？），咖啡商不找我（连乡公所阿姨都知道我每天必喝一杯咖啡加一盆豆浆啊），美少女选拔大赛不找我，《二十世纪少年》电影上映了，我这种五星级的漫画迷居然没有参加首映！

但听清楚了！接下来才是重点……

我不会因为我今天可以不靠在博客上推荐商品（不管是直截了当地推荐，或是技巧性地置入性推荐），就拥有好的收入，就偏狭且酸葡萄地指责大多数收厂商钱、在博客上写专文推荐的作家，说他们这样做不对，说他们这样做很烂等等。

作家在台湾读者这么少的地方，生存空间原本就不大，如果可以想办法在创作之外多一些收入，无可厚非。不偷不抢，不是吗？不过就是被看不顺眼罢了。我没这么做，单纯只是因为我不缺这份收入，跟我想拥有更多的自由罢了。我这份自由，完全承蒙了大家买了我的书，谢谢你们。

话题远了。

来说说我今年干了什么事好了。

2 月份，除了《猎命师传奇 13》登场，我什么也没干。然后就是一连串忙着被婊。

请大家告诉大家，我很想去新店高中演讲。

只要我去成的话，我出一万块钱奖学金补助新店高中的清寒学生。先不说我下一场演讲要从明年 3 月份排起，而新店高中竟然可以插队在任何一个月份这种事，从来没有演讲是我自己花钱去的，新店高中可以是第一所。

我保证除非回答学生问题，否则我绝口不提“陈汉宁”三个字，或进行任何婊学校的言辞行动。该场演讲长达两个半小时，中间还会让大家集体尿尿一次，听不爽中间尿完就可以不用回来了。我不婊学校不婊陈汉宁，再加奖学金，时数超越任何一所学校，够诚意够霸气了吧，我要做的，就是一场精彩绝伦的演讲。敢邀我吗学校？限2010年以前。

4月退伍。哈哈哈哈哈！现在想起来还是觉得在二水服役很神奇。

5月我去马来西亚跟新加坡参加国际书展。

5月加上6月，两个月写了《大哥大》跟《拼命去死》。《拼命去死》还有两场签书会。

7月去香港参加国际书展，还玩了很多天。慢慢开始电影计划。

8月跟9月我在写《猎命师传奇14》，全家去了一趟巴厘岛，在巴厘岛的度假小屋里我甚至还写了电影剧本。

9月份之后就更精彩了。我开始在实践大学媒体传达设计系上课，课程内容是“如何说故事”，一边有系统地整理这几年来我对创作的看法。我很认真，虽然我常常调课到大家都不想爬起来的时间。

9月我也开始写《后青春期的诗》，跑去美国参加教士队投手甄选时也是继续每天写。

10月份时，《后青春期的诗》写到五万字时暂且搁下，跑去拍电影。

拍电影很快乐，超棒的生命经验，任何经验都无可替代，燃起了我心中再多拍一部短片、两部剧情长片的想法，希望有人愿意投资啊。

电影拍完的隔两天，我开始接力《后青春期的诗》，然后开始签书会。

谢谢你的拇指。

目前进行了三场，还有两场哦，台中跟彰化的大家，有空请来相见咯！

我的时间管理一向很糟糕，常常很多件事轧在一块形成巨浪殴打我，但哭跟抱怨可不是我的强项。这半年来出现了很多机会等着我去做，这些机会都很棒，都很难得，我舍不得放弃，所以这半年来形成了我这辈子目前为止最忙碌的时期。

幸好我真的很喜欢做这些事，所以这段期间我没感受到压力，也没有不快乐，只是觉得时间不够用跟电影看得不够多（这点让人很生气）罢了，除此之外就是用正面迎击的姿态一件事情一件事情地战斗，不想错过。

还是要说，电影的部分真的仰仗了雷孟跟廖桑才有办法让我分心到别的事上，否则我铁定挫赛①。靠腰我们明天还要继续剪片咧。

①挫赛：闽南语，丢脸的意思。

很有气质的彰化读者。

有些人看了我拍广告，就觉得我迷失了，老实说我真的不晓得逻辑在哪儿，以后我还想代言更多我喜欢的东西，尝试更多跟小说无关的想法，比如长久以来我都想让自己的小说演化成电影、漫画、电玩、电视剧，这些念头从未变过，也公开写过很多次，但这种演化与改编一一实现的时候，觉得我“迷失”了的读者、或伪读者可能会更多了。

我只希望替我高兴的人也可以同时增加，科科科，科科科……

11 月到了，距离年底还有两个月，可我觉得我整年都很积极啊，就连点正妹的大头贴我都点得非常勤奋啊，偷懒这种事真的轮不到我啊，我就是要商业化，也会自己规划出一条我高兴的商业化之路啊。

我决定，明年 2 月份国际书展后我去放两个星期的大假。哼哼！！！

常常接到电话，问我哪一天有没有空，其实这种日子还不少，但没有排事情不代表我闲闲没事干啊，不写小说，我会因为太久没唬烂全身爆炸啊！

我的志气，没你们不行

2008.11.15

很想多说一点关于这次写《后青春期的诗》的感想。

小说里的主角流星街，典故取引自我最喜欢的漫画之一《猎人》，我想很容易就可以发现主角就是我的“投射身”。

使用投射身写作对我来说不是太稀奇的事，但许多角色都有我自己的影子，例如《语言》里的柯宇恒——我的第一个主角，虽然我不会超能力而且有好端端两只手，但基本上我们分析事情的逻辑是相当接近的，情感的感受方式也差不多一致。

为什么写个小说，我要用投射身“流星街”，而不要直截了当用本尊“九把刀”呢？

因为九把刀就是九把刀啊，就是我啊，我希望如果拿我自己名字出来写东西，除了《猎命师传奇》的序、《有时候》会故意乱写外，其他的时候写出来的东西都是“真实发生的事”。最好每个对话、每个细节至少都与记忆中完全一致。不然，我就不应该用本尊下去写任何从未发生在我身上的事，特别是好事。

（参考 http://www.wretch.cc/blog/Giddens/7099622《关于创作，我有个朋友……最好是啦》）

封面越来越有特色。

此外，有些话，在我心中已经想说很久了，但缺乏对话情境去展演出来。如果有个叫流星街的家伙可以帮我这一把，我会很高兴。他的精神困境是我八个月前的困境，当时我很脆弱，但现在我应该有强大到可以拍拍流星街的肩膀了。

年初的被抄袭事件爆发后，很多发生在我身上很恶心的事，其实我当初并没有写出来。

为何忍住？因为我还很傻很天真地相信跟我保证他们会公正处理事情的“大人”，虽然不是说谎就是大笑婊了我，但还是会持续帮助正义实践。所以我学着压抑我更大的怒气，去等待。

可最后那些大人完全背叛了他们自己——不是背叛了我、也不是背叛了正义。

他们的嘴脸我相信他们自己的子女看了都会呕吐。

另外还发生了很恶心的小插曲。

有个专门写博客文章酸人的、我账号拼不出来的家伙（大概自以为红吧），在当时写了很多干婊我的文，说陈汉宁根本不是抄袭等等。

事后这个账号我拼不出来的家伙还敲了我女友的MSN，在MSN对话里他得意扬扬告诉我的女友，要是他是我，就算觉得是被抄袭了，也得装作一副大肚量、笑笑说一些诸如："一起加油创作吧！""希望我的作品给你启示"之类的——"言不由衷的假话"，他说这个雍容大度的样子很容易就赢得所有人的尊敬，评审爱，读者爱，旁观者爱，PTT乡民爱，陈汉宁更爱，新店高中校方爱（就是记者不喜欢）。

比起来，我奋力追讨正义的样子显得我气度很小，为什么我不要装一下，符合各方期待，也更符合自己的"人格利益"呢？

他花了很久的时间在勉励我的女友，怎么将她的男友打造成一个人见人爱的大作家。MSN 对话记录全都留着啊。

如果我那么会装、那么假、那么"会做人"、那么喜欢符合大家期待，干，我岂不是跟你这个账号让人拼不出来的家伙一样，变成人间垃圾了吗？我岂不是变成只会整天在博客上酸酸别人（苦主不少啊）讲一些自以为很厉害的话，但却什么事也无法在"电脑外的世界"真正实践的假人一样了吗？

（据说这家伙的女友是我的书迷，为是否构成抄袭这件事跟他用力大吵一架。谢谢，这位女孩。我想如果这位女孩发现她男友连私下 MSN 也是这么假的人，不晓得会多伤心。）

那件事的旁枝末节很丰富，我一直保留很多事没讲。

是装大气所以不讲吗？

不是。

是因为我、没、时、间、追、讨、下、去！

我得承认，很多事比追讨正义还要重要，或者，有趣得多。

要我回顾当初的事情，我会说：“器量，不是为了用在你们这种垃圾上而被发明出来的名词。”

要训练器量，我会找别的事来练习，而不是那些沾沾自喜的小人，他们不配。

回到《后青春期的诗》。

写过的故事种类很多，每一种类型的写作过程都有独特的快乐在里头。但“热血”应该是我最擅长的叙事风格，因为我信手从我自己的个性里拿出来就没问题了。

“畸形的对话”我也是很拿手滴，毕竟我可是乱讲话的佼佼者——要不然《哈棒传奇》是怎么生出来的呢？（话说，请姑且期待《哈棒传奇二》，干《哈棒传奇二》我写到两万字后暂时封印了，因为我发现我严重乱写！）

《后青春期的诗》就是在我轻松愉快下完成的故事，连去美国圣地亚哥玩耍几天时，还可以每天回饭店写五千字，看有多快乐。

我很爱写这种认识很多年的老朋友的冒险小说。

这次小说里的角色森弘，取引自我真实人生里的好朋友姑讨，他真的很怕痛，篮球打得很棒，但把妹常常不得其法，个性固执，却颇有正义感。他是个好朋友。不过姑讨三十年来都学不会打手枪这一点，却是分给了另一个角色杨泽于。

西瓜则是一个知道我家药局在哪儿、请我吃过两次豆花的老读者的昵称，我随便用的，个性差很多，不过真实人生版本的西瓜个性不错哦，正在当兵，改天他退伍了我在博客上帮他征女友吧！

我干吗放男生的合照啊。

五星级正妹。

也是常见读者，可惜也是个男的！

肥仔龙是清大夜市我以前常常去吃的一间铁板烧店名，好吃又便宜。每一群好朋友里，好像都有一个胖子哦？

于筱薇当然就是沈佳仪的化身。至于于筱薇这三个字，则是我上次在网络上征名字时取用的，希望这位读者不要介意，开心的话更好。（《猎命师传奇 14》也用了好几个大家的名字投稿，我想只有名字被用的人才看得出来吧，谢谢。）

阿菁是个很妙的角色。我超喜欢。

话说我的篮球明明打得很烂，但高中大家一起打篮球的时候，我真的被叫去守一个超级厉害的隔壁班女生，靠，她真的很强好不好？我都被电得很惨。后来这个篮球超强的女孩去了美国念研究所，还在当地学校打校队！美国耶！可以知道我当初被电得自尊心灰飞烟灭的狗样子！

比起遥不可及的女神，经常跟大家玩在一起的阿菁更让人温暖。

借着这个角色，我怀念了一下某个拥有同样身份特质的女孩。我们都很想你。

这次的小说中，还出现了几个出现在别的小说里的彩蛋人物。

如《等一个人咖啡》里的杨泽于，《爱情，两好三坏》里的阿克，《楼下的房客》里的柏彦，《杀手，风华绝代的正义》里的欧阳盆栽，《语言》里的柯宇恒。我没有考察那些人物出现的时间合理性，毕竟都是我的故事嘛！就来个跨越时空的同学会，怎样！

《后青春期的诗》中，有很多让人摔脑袋大笑的场景，可有一个让我自己非常感动的画面。

以下有雷。

西瓜躺在天台上，说起人生跑马灯时，西瓜拿着冰凉的啤酒压在额头上，慢慢说："最后的画面，停在，我将脸靠在小祯的大肚子上，小祯慢慢拍拍我的头，说……没关系，我们一定会幸福的……乖乖，我们一定会幸福的……"

不会忘记，写到这一段时我还哭了。

写完了这个故事，我舍不得让这几个人从此解散。

以后还想用这些伙伴，陪我在小说世界里冒险下去！

小说除了好看，我还希望承载着某个能量强大的隐性主题。在这次的主题底下讨论某些我正在冲撞的"问题"，却不一定可以得到答案。

真实世界如此，虚拟故事里也可能如此。但我自己就像小说里提到的那几句话一样：

OK 啦。

即使我还是没有得到解答。

但我得到了力量。

很多很多继续往前进的力量。

希望大家也是如此。

不见得我的小说拥有"小故事大道理"的结构，主角群大费周章地冒险，透过最后事件的痛快解决，告诉读者我们应该思考出什么样的人生答案。

真实人生没那么爽啊，那么多答案等着被你知道！

不过我们一定，一定可以得到继续前进的力量。

我保证。

记得两个月前，《壹周刊》记者牟小姐跟我去彰化二水一整天，拍当地的旅游照片跟介绍玩乐的方法。拍摄工作结束后，我们在车上闲扯。

牟记者突然说："台湾现在的作家里，你应该是最有影响力的一个吧？"

后面那张照片把我拍得太帅。

我怔了一下。

在以前，类似的对话都让我非常、非常、非常不好意思，我多半会僵笑着说：“啊，没有啦！”“谁谁谁写的东西也很多人看啊！”“是这样的吗？”“朱强兽的精神力应该比我强吧？”“最好是啦，都你在乱讲。”之类的话。毕竟很多主持电视节目的作家才是真正的红啊，我还算是只被三十岁以下的人类广泛知道，但很多大人都还以为我是某种生物兵器的人。

可我想了两秒后，终于突破小说中流星街的自我保护，说出我真正的胆量。

“我很希望你说的是真的……因为我有很大的志气。”我大概耳朵红了。

“什么志气？”牟记者好奇。

我尽量用平静的语气说：“我想改变这个世界，我需要比现在更大的影响力。也许现在不可能，我的读者也很年轻，但我的读者有一天会长大，当他们统统变成他们想要成为的那种大人以后，一起改变世界就非常可能！”

这是我的志气。

没有你们我办不到！

乱写送给读者的红包袋。

关于路边摊的三件事

2008.11.18

光明正大边签书边吃东西。

这篇没什么要紧事，只是随便写。

退役后，台北彰化两边我都常待，干脆也在永和租了一间约六坪大的小套房，工作方便、近约会、近星巴克转换写小说位置，位居五楼却无电梯可免费锻炼大力金刚腿。楼下附近有一间很好吃的担仔面小摊，晚上七八点才开，深夜的生意最好。

上上个星期，台北《后青春期的诗》签书会前一晚，虽然不饿，但我的肚子告诉我它很无聊（毫不在乎变胖的警讯），突然很想吃点汤面之类的东西，于是穿着短裤拖鞋就下楼去啦！

平常要是跟女孩一起吃路边摊，都会点多一点小菜，比如烫花枝、烫青菜或是切着的海带或卤蛋等等，比较有宵夜约会的感觉。可一个人吃的时候就想简单一些，我只点了一碗热汤面，慢慢吃，一边让热气蒸蒸鼻子——每次吃完热汤面，最大的收获就是擤鼻涕的时候会很畅快。吃到一半的时候，有个年约四十的胖子跟我拼桌。他点的东西可多了，汤面一碗，烫青菜一盘，油豆腐一大块，再一盘烫姜丝猪肝，应该是饿了好几天。当他浩浩荡荡开始扒面的时候，我的筷子掉了一条豆芽菜在桌上，我本能地夹起来吃掉。

大概是这一幕被胖子看到了，胖子突然开口："一起吃啊！"

要是平常，我大概会腼腆地说不用了，但隔天有签书会，心情有点好，于是就随口嚷了声："哦。"然后就伸筷子夹了一块猪肝。

其实我还蛮想大大方方吃胖子点的东西，然后在自己先行付钱的时候一起把两个人的账结了，颇有豪气。可那一晚我只带了一百块下楼，肯定不够，所以我只意思意思吃了两口胖子的东西，然后就擤擤鼻涕闪了。

没了，没要说什么小故事大道理。只是觉得遇到了一个大方的胖子，也难得这样乱吃别人的东西。不过我也想起两件小时候吃路边摊发生的事。

话说小学的午餐，大多是我妈在家里煮好，再让我爸带去学校给我们吃，一口气可以省下三个小孩的便当钱。但到了五六年级时，大哥上了初中，只两个小孩在念小学，有一阵子妈会干脆给我跟我弟各三十块钱（新台币，约6.4RMB），叫我们早上先去买学校的便当券，到中午再拿便当券去福利社换便当吃。

小孩子最擅长的事，就是不听话。

我有一半概率不会买便当，而是拿着那三十块钱，在中午时候跟同学一起到学校外面吃东西，等到午间静息过后再回教室。在我小时候的年代，十五块钱（新台币，约3.2RMB）一碗汤面，二十块钱（新台币，约4.3RMB）一碗碗粿，吃完以后还有十五块到十块钱可以买冰红茶，或拿去打电动——又可以不用睡午觉。

有时候我们一群狐群狗党在外面晃，有时候是我一个人在外面走来走去，走累了就坐在路边幻想。从小我就很喜欢这种什么话也不用跟任何人抬杠的感觉，虽然孤独久了就会生出寂寞的感觉。

我要说的两件事很普通。

有一次我跟一个朋友在吃路边摊的碗粿（那摊超级好吃，后来变成现在的杉行碗粿，在民生小学附近的一间店，从早餐就开始卖，汤也很便宜好喝），邻桌是一对笑容很甜蜜的新婚夫妻，打扮普通，甚至有点贫穷的感觉。

那对夫妻吃着吃着，便问我们："你们为什么没有在学校吃饭？"

我没答话，那朋友说："我们想在外面吃。"

有回答等于没回答。

那对新婚夫妻点点头，说："你们很可爱。"

这种回答等于乱回答。

然后那对新婚夫妻就帮我们付钱了！！！

好怪啊，不过原来长得可爱也可以被请客，让我小吃惊了一下。尤其我朋友长得其实很欠揍，我想完全是因为我的关系。

这个故事告诉我们——

(1) 帮可爱的小朋友付钱，可以让他印象深刻到长大以后写一次博客。

(2) 长得很欠揍没关系，跟长得可爱的人一起吃东西还是有可能被请客。

(3) 只要东西够好吃，努力下去即使是路边摊也可以买下店面长久经营。

(4) 人不可貌相，那对打扮贫穷的新婚夫妻其实是有钱人。

晚上全家在民宿外面放焰火。

第二件事的印象极深刻。

同样有一次中午，我在靠近民生菜市场里的路边摊吃汤面，老板跟他的女儿一起做，摊子不大，但东西好吃，生意很好。

除了爱吃碗粿，那间汤面摊子我也常去，因为它的对面就是一间很好喝的冰红茶店，我常常吃完面就走过去买来喝，从此之后我就爱上了喝有古早味的冰红茶（比如台南的双全红茶），喝到肚子痛也是常有的事。

那一天我吃到一半，有一个微胖的女生拉开椅子坐在我对面，她的年纪我当时觉得是十八岁左右吧，因为我的印象是：个性怯懦的大姐姐。

那位大姐姐嗫嚅着叫了一碗汤面，没有加任何东西。（印象很深，因为我常常加一颗卤蛋，然后戳破卤蛋使劲搅和在面汤里，好香好香！）而老板的女儿把面端上来，放在这位大姐姐的面前时，大姐姐神色异常紧张，声音发抖地说：“……对不起，我没有钱。”

没有钱，不是忘了带钱，也不是打算赊账的那一种没有钱。是没有钱却想吃一碗面的那一种没有钱。

我还来不及帮她尴尬或生出任何念头，端面的老板女儿怔了一下，用很平静的语气说：“没关系，你吃。”然后就转身去忙其他客人的点餐。

这一个画面我毕生难忘啊。

身为唯一目击者的我慢慢吃着面，过程中很努力克制自己想要观察坐在我对面大姐姐的表情反应的好奇心，免得大姐姐觉得难堪。只有在快速吃完面后站起来的一瞬间瞥了她一眼，大姐姐非常专心、缓慢地吃着不用钱的面，有一种感觉：她刚刚应该从头到尾都没有把头抬起来吧？！

那一个画面我一直牢记到现在。

认真说起来，那个画面并没有什么“帮助人是很快乐的”或“施比受更有福”之类的经典意义，整个就很简单：路边摊卖面的女儿，请了没钱吃面的人一碗面。而令我感动的其实不是那请客的老板女儿的善心（虽然真的是好人），毕竟如果是我，或正在看博客的大多数网友，都有这份“请一个肚子饿的陌生人吃一顿饭”的善意，只是有没有这个机会，或有没有抵抗这一份尴尬的心情罢了。（这让我想起了我在上海遇到的一件烂事，以后再提。）

让我感动的是，这位不晓得为什么会没钱吃一碗15元汤面的女孩（翘家？流浪？钱被偷？家里穷？或只是刚刚好钱用完了肚子却也饿了？），她没有打算欺骗店家，也没有大费周章编造或陈述自己没钱的理由，就只是坐下，用“信任这个世界会帮助她这一顿”的勇气，点了一碗汤面。

真的，需要帮助不是什么可耻的事啊，每个人都有低潮。没办法自己爬起来的话，伸出手向正好经过的人呼喊一下，也很需要勇气呢。

这个故事是不是告诉我们：

（1）15元一碗的汤面在台湾现在已经找不到了，可见通货膨胀的可怕。

（2）按照童话故事法则，那位食面少女其实是妖精所变，日后会来报恩！

（3）如果没钱吃饭却要点汤面，就不要加卤蛋了，免得店家觉得你也太爱凹[①]了。

(4) 九把刀真的靠腰无聊，没东西写博客却硬要写，签书会的感想呢？

说到汤面，我家附近的“猫鼠面”还挺好吃的，有时候回家错过了跟大家一起吃饭的时间，我就会走一分钟的路过去吃一碗三宝面（大贡丸、小春卷，还有一个忘了），50块新台币（约10.7RMB），不算便宜也真的不贵。汤头很棒啊。

这样没有认真写个结束的点，可以吗？

①凹：闽南语，有坚持下去、硬撑下去、意欲过关、挺过去的意思。被凹：被人勉强，遭强人所难。此处应指强人所难。

最近看过的
三部亚洲片 + 永春高中演讲

2008.11.28

最近看了三部片，差异性很大，来说说。最先看的是《钮扣人》，中国台湾片，请了我很喜欢的吴镇宇，干，他还烫了个奇怪的卷发。故事以一个专门替帮派与杀手清理犯案现场、善后尸体的专业“毁尸灭迹者”为主角，这个视角还蛮特别的，因为通常这样的职业都不算酷，在杀手电影里应该算是配角，在这部电影里算是特别放大，蛮有意思的出发点。

电影一开始十分钟还蛮令我惊艳的，特别的氛围，专业、自信又冷静地处理尸体的过程，还蛮风格化的。只是这十分钟过后，说故事的动线开始支离破碎，不连贯，动不动又会有一个大叔出现，讲解尸体处理人的江湖规矩，还蛮破坏电影感的。每次想期待什么特别的剧情出现时，节奏就开始延宕我的期待。

以下有雷。

我还蛮喜欢李倩蓉在电影中的演出，一个带着女儿到处求干的母亲，应该称得上不计形象了吧。只是这个角色死得非常——对剧情完全没有影响。应该说，从角色出现到角色结束，都对剧情无起作用。

结局呢，缺乏有魄力的高潮，杀手对决尸体处理人——基本上是毫无对决，胜负分出的方式太平凡，让我蛮错愕的。这个太可惜了，真的，我想问题出在这个杀手太弱，基本上给我一把枪他就死定了的感觉。

导演钱人豪跟我说了他原先拍好了的电影结局，我仔细看了，觉得原先的版本比最后定剪出的版本有魅力得多。虽然乱杀一通，但比最后的温馨电影院版本至少好十倍。

台湾这种黑色乱杀的片种相对稀少，希望越来越多这种以商业为目的的黑社会片出现哩……

合理票价：80 块新台币（约 17.2RMB）。

今年韩国最卖座的超级大片《神偷，猎人，断指客》，因为《壹周刊》给了 87 的高分所以我兴致勃勃第一天就跑去看了。干，结果很失望。这个失望是因为，明明就可以真的非常好看的，但剧情到后面整个就弱得太离谱，三个黑白英雄的对决，根本也不精彩，只是好整以暇互相开枪有什么好看？整部片花在骑马跟开枪的时间太多，尽管拆开来看都很精彩，但组合在一起一直看一直看一直看，就会看到很累。整部片，我都很赞叹韩国人原来拍电影已经可以拍到这样的技术了，但看完电影后，我的赞叹没有变多。

值得一看吗？当然值得。附带一提，在看的时候，我的脑中就一直浮现尾田荣一郎的短篇杰作集其中的两个短篇。一个是《斩龙刀客龙马》，一个是《被冤魂尾随的神枪手》。以我看故事的训练有素的双眼，当然大大提早揭开了电影的底牌啰。这张底牌不算新梗，但好好地用，还是一张大通杀的绝妙好牌。

角色设计里，那个坏蛋还真的坏得很帅劲，胖子也胖得很逗（但那种逗，在韩片里似乎已经成为一种必然的典型），只那个猎人非常缺乏特色魅力啊。

合理票价：150块新台币（约32RMB）。

第三部片，是昨天晚上看的《一半海水，一半火焰》媒体试映。归类上算艺术片吧，不过我觉得是这三部亚洲片中最好看的，因为它很怪，怪得不自然，却又硬是要把剧情长得那样，那股怪气我还挺喜欢的。

男主角是擅长性诈欺的皮条客，女主角是只半生不熟的鸡。男主角爱长篇大论的自爽式废话（我很喜欢这点），个性很糟糕，说真的绝对不是什么有风格的坏人，说穿了就是个性很差，这点绝对不会有错。这种完全不在乎观众感受的角色设计，我挺欣赏的。女主角很像张柏芝，漂亮，有股奇妙的强悍气质，为戏牺牲有脱，还真的蛮有必要。她的个性太世俗又太别扭，所以成就了男主角的坏个性，两个人加在一起，变成一杯我大概以前都没喝过的电影口味。好看吗？好看。闷吗？很闷。推荐吗？非常喜欢看电影的我就推荐，一般就算了。如果是DVD我就会一直按快转，幸好不是，我被定在电影院里好好看了它一次，于是我就顺利将它看成好看的片子了。对我来说艺术片往往都有这样的特质啊。

合理票价：不会合理的。

话说今天去永春高中演讲，天啊，你们学校放学时刻，黄昏满天的景色真漂亮耶！简直就有每天都在谈恋爱的气氛！真的真的！如果我的正妹雷达没有坏掉，永春高中疑似！疑似！疑似是我最近去演讲的学校里，正妹最多的一间！那三个长得很像、头发一律绑马尾的三胞胎姐妹，站在一起简直就正毙啦，永春高中的男生真的是太幸福了……下个星期我要去中正预校跟嘉义大学演讲，希望……女生坐前面一点啊呵呵呵 :D

刚刚从新乌日搭电车回彰化，看见坐在我对面的三个女生，穿的竟然都是一模一样的鞋子，好神奇啊，这样的概率应该低得有点恐怖吧，立刻偷拍下来，有图有真相（我假装在拍自己的脚）……

走唱艺人

2008.12.02

一样是随便写写。

前几个星期，我跟女孩在信义华纳威秀看完以为快要下档的电影《鹰眼》，已经是晚上十一点多了吧。我们慢慢从电影院走向对街的新光三越，循路要去市政府捷运站时，在打烊了的新光三越旁（忘了哪一馆）看见两个中年男子在路边唱歌。那两个中年男子，唱得其实也不怎么样，歌曲也老。那么晚了，又是在人潮散去了的角落地方，根本没什么人在听他们唱歌，只有三四个正好坐在椅子上休息、自顾自聊天的年轻男女。

我们正好经过的时候，那两个中年男子正在做 ending 的感想，他们以一种相当诚恳、也可解读成煞有其事的语气说："今天晚上很高兴在这里演唱歌曲给大家听，明天同一时间，如果没有突发性的 case（事件）的话，我们还会在这里跟大家见面，希望大家明天也能够来这里欣赏我们的表演……"

靠，我跟女孩只是刻意放慢脚步走过，便觉得那一番话极为尴尬。

那三四个年轻人根本没在听，甚至没有正眼看那两个刚唱完歌的中年人，但那两个中年人说着说着，竟自 high 地说："如果大家觉得今天我们的表演不错，请给我们一些掌声鼓励。谢谢！谢谢！"

结果当然是没有掌声，只听见他们自己慢条斯理地拍手。

身边的女孩猛低头说："天啊，这也太尴尬了吧！"

我艰难地回头，看着这两个走唱艺人寂寥谢幕，不晓得要不要帮忙拍手。

那两个中年男子自己拍着手，彬彬有礼地向一片空气微微鞠躬。

我的心底，突然有股温暖的感动。

在小说《后青春期的诗》里，我透过阿菁的话，写了这么一段。

"我不知道曲子有多难写，也听不出来怎样叫突破，但我知道，一个默默无名的人在地下道里彻夜弹着吉他给空气听，很酷，但一个知名歌手在小巨蛋弹吉他唱歌给一万个人听，看起来绝对不会比较逊哦。"

阿菁慢慢斜着脸，嘴角露出微微的笑："如果大受欢迎的人反而要羡慕不被任何人期待的人，那不是很扭曲吗？"

写是这么写，但，真的看见那种沉浸在孤独的自我欢愉里的街头歌手，还是会真心希望，在彻夜的无人表演中，他们自己也能非常地陶醉其中。

几天后，我跟女孩在一中街的水利大楼楼下，一边喝阿月红茶一边吃半月烧，跟许多同样在吃吃喝喝的人，一起听一个相貌普通的街头艺人弹吉他唱歌。他弹得挺好，唱得也不错，大家给钱又给掌声，有人还搞起点歌……

我觉得啊，这个街头艺人的脸蛋没有帅到可以骗个机会，歌声也没有厉害到可以出唱片的程度，但真的蛮好听，他靠着手中吉他在人声鼎沸的一中街里赢得许多注目，心里应该是非常满足的吧。

说到看电影。（有说到吗？）

今天我跟女孩去公馆的东南亚戏院看电影《停车》，散场后，我听见另一个影厅的出口出现异常尖锐的吵架声。我很好事，便跟一群同样好事的乡民站在那里观察发生了什么事。

原来是有一群欧巴桑一起去看电影，其中有个欧巴桑带了一个四五岁的小孩，那个小孩整场电影不断跑来跑去、鬼叫、大声嚷嚷，搞得散场后，一个女人非常愤怒地要求对方道歉。

关键句如下：

“你带那么小的小孩看电影，他看得懂吗！你敢说他没有一直吵闹！”

“你们整场都在后面大声讨论！讨论剧情！你敢说没有！”

“为什么你都不管你带来的小孩，我们这些人难道是活该吗？！”

“对这种人，你们戏院难道都不能管吗？！”

那个带小孩的欧巴桑不仅不道歉，还反唇相讥那个女人“从小遭受虐待才会反应过度啦”跟“你就是想要退票啦”等等，整张脸就很贱。

他妈的这种死不认错、拉不下脸只好反剿回去的句子，听起来就让人火大啊！只是前来处理战局的东南亚戏院院方，看起来并没有站在那位倒霉的女士这边，而是采取双方皆道歉的柔软态度，让我觉得蛮失望。

就我所见，那位女士虽然发飙、骂声超大、态度快要逼近歇斯底里——但她的怒，有九成九是因为院方没有立刻给出正义啊！我们这些并没有一起看电影的人没有亲身经历，也不能说什么，只是当观众帮忙生气罢了。

后来那位发飙的女士很度烂走了，我这才看见两个刚刚跟他们一起看电影的人（台北厅放的是什么片啊？）走向处理战局的戏院代表，说："那个小孩子真的很吵，整场都在吵，我们真的没办法专心看电影。"

唉，这也晚了吧，他们要是早一些声援那个火大的女士，女士一定很受用啊。

大家看电影时所遭遇到的打扰，大抵是遇见剧情解说魔人、讨论剧情魔人、偷带卤味魔人、对白复述魔人、狂踢前座魔人、小孩哭闹魔人、爱讲手机魔人、不断走动魔人、笑点诡异魔人……

我遇过最扯的都比以上还扯，那已经写进《妈，亲一下》了。那应该叫"带着巨大收音机的昏睡流浪汉魔人"吧！

吹泡泡不是我的强项。

一个人自拍其实很寂寞。

《海角七号》没得最佳影片，与“反海角现象”的反思

2008.12.08

昨天晚上一边打麻将一边看金马奖颁奖典礼，《海角七号》没得最佳导演，我觉得挺合理，因为得奖的是很厉害的《投名状》导演陈可辛，但《海角七号》没有得最佳影片，我实在很为它抱屈，白痴都知道《投名状》的镜头精准度、漂亮度、饱满度全都赢过《海角七号》。但年度最佳影片，不等于年度“拍得最好、失误最少”的影片，《投名状》超级棒，我也很爱，只不过——《海角七号》是台湾今年的“时代集体记忆”，十年后回想2008发生了什么事，《海角七号》一定是重要的注记。

电影跟任何创作物一样，最可贵的地方，都不在于创作者很厉害、创作物很强，而是，这个创作物能否实际地与创作者之外的人类产生互动、发生关系、感染影响了什么，这才是创作物存在的真正价值。否则，创作者就是死的，创作物也不过是漂亮的死性物件。从这个角度来看，并不是在说票房决定一切，《投名状》的票房也很强啊，我所说的是，《海角七号》已经是一个“现象”，但《投名状》只是一部“好电影”。（这个“只是”用得不好，但我想，除此之外很难精确表达。闪躲“只

是”这两个字没有意义，只是乡愿）所以我有时跟没有看过《海角七号》的文化工作者聊天时，我会说：“你可以事后觉得《海角七号》不好看，可以看完后觉得没有大家口中那么棒，但，《海角七号》已经是一个文化现象，你应该去电影院感受一下它存在的理由。”我认真觉得，把年度最佳影片颁给《海角七号》，才有一种热烈中的热烈。（既然去年都可以一鼓作气颁给《色戒》了……）

话说《海角七号》很妙，它在极短的时间内印证了我的“周杰伦理论”，（《慢慢来，比较快》收录——《林志颖与周杰伦》。）《海角七号》一上映，票房还很普通的时候，网络上一片掌声跟打气，靠腰真的是看不到任何批评，所有人万众一心地向没看过的人推荐，所以网络上到处充满自动自发推荐《海角七号》的网友，常常有人在比赛谁看过次数最多……

（靠，有人看17次是怎样？看16次还看不懂吗？）但等到《海角七号》真的卖破亿，酸酸魔人就开始出来了，理由还不过就是电影没有好看到卖破亿的资格、特效很假、画面不够精致、受限语言只有台湾人才看得懂其中趣味等等，现在去网络的movie版，已经变成只要有人贴《海角七号》的观影感或票房纪录，就有许多人开始嘘，开始酸，开始骂，说恶心想吐……

唉，其实《海角七号》的票房才不是媒体炒作出来的咧，而是网友用人海推荐出来的集体炒作，对，都是炒作，但本质根本就不同。如果觉得一切都是炒作便能成就《海角七号》，那么，1. 为什么网友不会集

我哥跟Umi。

体炒作其他的电影？ 2. 同样的炒作放在其他的电影，也会产生同样的票房效果吗？

不管票房好不好，《海角七号》的电影的本质根本没有改变，票房太好，好到超过它的成本好几倍，难道也是一种错？其实啊，真正有趣的就是在这个关键啊！——为什么一部电影会得到它的拍摄质量好几倍的票房，这就是最值得我们研究的地方啊！这就是一部电影之所以不再是电影本身，而是“现象”的精妙之处啊！

今天《海角七号》出电影纪录书，也有人说是炒作，但问题是，几乎每一部电影都会出版电影纪录书啊！（比如，最近电影《爱的发声练习》也有出书啊，卖得普通于是没人嘘？）不能说，这件事大家都有在做，可今天你做的事很成功，就反而要因此被嘘吧。或者该这么阿Q地想——没有人嘘，也代表都没有人注意吧。

最后恭喜范逸臣的《国境之南》得到最佳电影主题曲啰！

最近有很多恶意中伤的谣言，我转录几天前写在bbs上的自清(抓网络上的图，尤其那个IP跟留言)

2008.12.24

没理会网络上的谣言很久很久了，看见有人到处恶意中伤也很久很久了，我的强项从来不包括忍耐，以前有很多时间战来战去的，也蛮快乐。但我现在很忙，也喜欢这样的忙，没多的时间了，所以我大部分都改采取刻意忽略的方式，老实说结果通常不错，让我颇为意外，许多网络小白会因为我的漠视而自动消失——毕竟我一旦理睬了他们，他们反而爽得要命，觉得终于因为对我恶毒而得到了许多人的瞩目，博客人气冲高才是他们的目的。

由于“漠视”的应变态度效果不错，也帮我省下很多时间写小说跟约会，所以我这半年以来都很乐意这么做。

BUT！

人生最鸡巴的就是这个BUT！

总是有例外。有些恶毒的谣言我再不反击，久了就变成真的了，我想过我是不是应该继续都装没看见，来个清风拂山冈，让奇怪的传言自动消失之类的。但明明就可以认真反驳的，我就该尝试，因为传言就是不会自动消失，只会繁衍。我是真的不想承受不该属于我的谣言。

以下节录我在枫桥驿站 bbs 我的个人板上面写的一篇文章。

作者 Giddens（九把刀）

标题 刚刚去看了 PTT，我只想说……

时间 2008/12/22 Mon 02:22:37

说过很多次，要怎么评论我的作品，我都不会打扰，不过对于造谣，我就不可能让你讲太爽，不打笔战，我平铺直述。

1. 我没说过讨厌在线游戏这种话，我是在《猎命师传奇 1》批判过，有很多奇幻小说都是看着在线游戏下去写，没有创意，这不代表我度烂在线游戏啊。我自己也打过“混乱冒险”长达半年，靠，因为徐若瑄代言啊。

从N年前我就一直在各个讲演里不断呛声过，如果用“我流”写成的《猎命师传奇》，最终没有制作成在线游戏的话，就算是我失败了。这些呛声我想应该有一万个人现场听过了，觉得我唬烂的应该也有八千吧。会这样一直接近幻想似的呛声，像是度烂在线游戏的人会说的话吗？

2. 我写毛毛狗跟我之间的故事，毛毛狗从头到尾都知道也同意，甚至也很感动，还说书出了要买一本给她妈妈看，如果你真的有看《壹周刊》后面的连载（《这些年，二哥哥很想你》），就应该知道我现在正在写的这些，不是吗？

我在记录我的人生，故意漏写跟我交往七年的前女友，才是不尊重跟轻蔑，如果她不想被写我绝对直接不写这样的故事。虽然我怎么做人不需要你同意，但我不喜欢有人这样胡乱造谣。

我在博客上写小内，小内也同意，也很高兴，试问：

（1）明明我有女友，却只字不提，让女读者觉得我单身，随时保持有偷吃的潜力。

（2）将女友跟我之间的小互动写出来，让她觉得高兴，大家都知道我有女友，且相处很好。你会选哪一个？

我知道选（1）的网络作家很多，偷吃女读者的也一直都有，光明磊落是我的强项，我选择（2）。干，这样也有事，靠。

小内跟我很好，我说了我们没分手，大家不相信我也没办法，虽然我同样没必要跟不认识的人交代这些事，不过要拿这些事中伤我，那也不必。

3. 将毛毛狗帮过我想故事的部分，写进小说《功夫》的作者感想的部分，后来书再版了，我跟毛却分了，请问——

（1）我换掉序。被批评没品，没风度。

（2）维持序。被批评消费前女友，做人有问题。

是你，要选哪一个？

我选，维持序让毛毛狗很高兴我记得她的帮忙。

只有我知道怎么做，前女友会开心还是生气。

你知道吗？《打喷嚏》的实体书改版，毛毛狗帮助我想故事的作者感想，就是同例。干，我就不重复了。

说完了，至于要批评我的小说很烂请继续，我不会打扰也不会插嘴。

为什么我要这么大费周章地从 bbs 上节录这篇文咧？主要是有人非常恶意地到处张贴这个留言。

不管这个恶意散布谣言的人是谁，真的都太闲了。好歹也登入一下嘛，不登入就到处发谣言，不就显得一开始就一副小头锐面的猥琐样吗？公布一下这个小人的 IP。

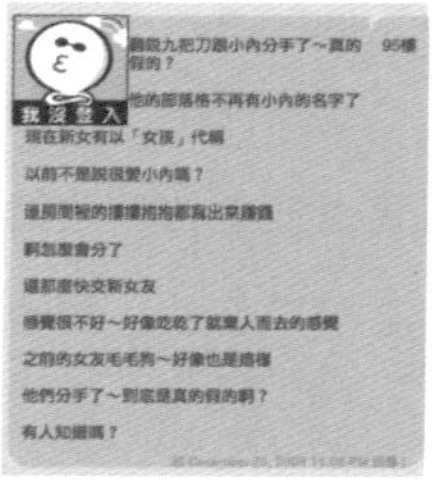

依照网络地址搜寻程序，这个 IP 地址是在高雄市的青年路附近，到底住在高雄的谁那么无聊啊？如果你是一般老百姓，你应该单纯有神经病。如果你是写小说的，哪有那么多时间在几百几千个无名网友那边留言造谣，不会拿去好好写个小说啊？造谣毁谤我，有可能会让你的书就更畅销吗，白痴？

虽然爱乱讲大话是我的强项，不过仁者无敌也是我的强项。

最后，我要怎么称呼我心爱的女孩，一向是我自己的事。

关心我的人我得谢谢你们，不过我跟女孩有我们自己的想法。

他妈的一两天没写博客小人就出现了。

今天要说一件关于“信用”的事

2008.12.26

约两个星期前吧，我买了一台新笔记本电脑，固态硬盘版本的macbook air（以下简称MBA），嘿嘿，超薄超轻又超美，当天晚上便兴冲冲地将旧电脑里面的九成数据灌了进去，想说以后长时间背在肩膀上到处跑来跑去旅行、演讲就不会那么痛苦了（我上一台电脑，重2.36公斤，这台整整轻了1公斤啊）。

第二天早上十点半，我背着新电脑，开车去静宜大学准备一场演讲。

静宜我熟啊，我早到很多，于是在附近一间常去的早餐店吃早餐，吃的时候我就发现我忘了带变压充电器，而我的MBA的电力昨晚被我乱用只剩下一半。

怎么办?

我演讲的时候很喜欢放投影片辅助，比较活泼，依照我的经验与感应，我觉得电力只剩一半的MBA只能讲一个半小时，可我最近常常讲爆两小时啊。虽然投影片只讲一个半小时，其他时间拿来做现场问答也可以啦，但由于静宜大学是女孩正在读的学校，所以我想了想，决定开车回彰化拿变压充电器，让我可以用百分之百的力量下去演讲，女孩才会觉得我帅。

想着想着，我就赶紧开车回彰化了。

不走运，高速路正在修路，塞车塞得很变态，平常只要开二十五分钟，我竟然开了快一个小时。

一回到家，车子才刚刚在地下室停好，我打开后车厢要拿我的背包时（门钥匙在背包里），赫然发现……哪里有什么背包啊！

我立刻想了起来，背包让我给放在早餐店了啦！

那台 MBA 我才买了第二天，就让我搞丢，这简直亏到不行。

接下来当然是演出从彰化飞车冲回台中的戏码啊。

我一边开车一边打电话给女孩，想她中午下课后快点去帮我看一下背包还在不在，能够比我早到的话最好。那间早餐店有营业到中午，中午也是供餐的，大学生的强项之一就是一不小心就睡到中午，所以中午时间在那间早餐店吃东西的人潮会比单纯去那边吃早餐的人还要多。人一多，我的背包被陌生人顺手干走的概率就大增啊。

新皮衣，有帅。

我当然很紧张。

虽然我当然紧张新电脑跟我说拜拜的痛苦，但，我更紧张我忙了一整夜将许多关于“小说”的数据灌进去，那些数据都很宝贵，纵使我有备份，但绝对不想被其他人拿走……这才是重点啊。

不是我在炫耀。因为我很认真地看待创作这件事，不管是记录灵感，还是先一笔暂时带过的草稿，我都很扎实地在做，所以我的电脑里应该拥有千军万马等级的作品轮廓（光是《杀手》的故事，就有三十几个还没写但已经有主题基础了），一旦被别人干走了，此生我都将面临到底是谁抄谁的烂问题。

光是想象，我就会全身冷汗。

一边开车，我一边想起一件事。当初我追到女孩的时候，由于感到太过不可思议，曾问了女孩好几次，为什么像她那么好的女孩最后真的让我追到的原因。

我问了很多很多次。

女孩回答过的其中一个原因：“因为你很乐观啊！”

我疑惑：“我是很乐观啊，不过你是怎么看出来的啊？”

女孩认真说：“因为你说过，要是发生了什么不好的事，先笑就对了啊。”

是啊，我是这么说过的：“不管遇到什么烂鸟事，只要可以第一时间笑出来，就一定可以克服。相信我。”

但我的强项就是爱乱讲大话。

今年2月份他妈的我正处于最低迷的时候（干干干干干干干），我开车跟女孩去漫画店看漫画解闷，车子就停在漫画店对面。

漫画看完了出来，我看见车子被狠狠刮了一道白痕，前门后门都有，干，超不爽，我满肚子大便地上车，绕着附近开了两圈，一边骂，一边想找路口监视器（有的话就想去警察局报案，把带子调出来依照时间点抓人。）

结果没有监视器，当然是不了了之。

后来女孩开玩笑地糗我："把逼你不是说，遇到不好的事，只要笑出来就无敌了吗？你车子被刮了，我就没看你笑啊！"

唉，我也只能腼腆地承认自己没有自己说的那么豁达、厉害。

紧抓方向盘的时候，幸好我想到了这段往事。

虽然电脑弄丢了比车子被刮还要严重一千倍，但对女孩守住我微薄的信用也是相当要紧的事。如果女孩早我一步抵达那间早餐店，看见她时，万一她的手上并没有拿着我的背包，我得哈哈一个大笑，然后说："算了啦，电脑再买就好啦！"

如果女孩的手上拿着我的背包，里头却没有放着电脑（就是说，电脑被干走了，但礼貌地留了个空皮给我，干），我同样也要笑着说出这一句话。

对，没错，电脑不见了，是既定事实。

——但我对女孩的人格信用可不能继续流失。

我开始在车子里练习大笑，跟说出那一句话的表情。

一边练习这么白痴的事，一边我也在心中默默跟老天爷约定好：如果这次我侥幸找得回自己的MBA，这个月一定要比平常每个月固定捐的钱，多捐一万块给需要的慈善团体。

当我的车以非常帅气的速度逼近早餐店时，正好看见女孩拎着我的背包，面无表情地走向我的车。

有我的背包耶！有我的背包耶！有我的背包耶！有我的背包耶！有我的背包耶！有我的背包耶！有我的背包耶！有我的背包耶！有我的背

包耶！有我的背包耶！有我的背包耶！有我的背包耶！有我的背包耶！有我的背包耶！有我的背包耶！有我的背包耶！

不过里面有我的 MBA 吗？　不过里面有我的 MBA 吗？　不过里面有我的 MBA 吗？

不过里面有我的 MBA 吗？　不过里面有我的 MBA 吗？　不过里面有我的 MBA 吗？

不过里面有我的 MBA 吗？　不过里面有我的 MBA 吗？　不过里面有我的 MBA 吗？

不过里面有我的 MBA 吗？　不过里面有我的 MBA 吗？　不过里面有我的 MBA 吗？

我压抑着不安的心情摇下车窗，挤出一个笑容问："谢谢啦柯比，不过……里面有电脑吗？"心脏跳得很厉害。

女孩这才温柔地笑着说："有啊，有电脑。"

我欣喜若狂，大叫："太棒啦！哈哈哈哈哈，你真的是我的幸运小天使！"

女孩得意地把头探过来："那我有功劳吗？摸摸我的头。"

我大笑，乱摸着女孩的头："当然啊！柯比这次立了大功啦！"

电脑失而复得，当然很爽啦，虽然那次演讲还真的让我讲到电脑没电。

不过平常我捐款，都是用信用卡固定刷固定捐的，后来我却因为太忙了，完全忘记要额外多捐一万块钱的事。

忘记了。我真的忘记了。

前几天我去香港宣传我参与导演的电影《爱到底》，由于电影公司请客，所以去香港的时候坐商务舱，回台湾的时候竟然坐到了头等舱。很爽。

去的时候我是一个人提前去的，回台湾的时候，我的前面坐了Makiyo跟周彩诗，很正，整个头等舱只有我们三个人，加上一个老老的外国洋人。

我一上飞机第一件事就是打开MBA写《杀手，无与伦比的自由》，一直写到空姐上餐点时才罢手。那时我顺手将超薄的MBA插在座位前面，大吃了起来，顺便戴上耳机，复习飞机上的电影《海角七号》。

飞机降落后，由于头等舱的旅客可以先下飞机，Makiyo跟周彩诗很快就准备好要下飞机了，我还恋恋不舍地看着电影最后一段。她们说："导演！走了走了！"由于是美女在叫，我赶紧穿上大衣、背上背包一起下飞机。

出了机场，电影公司派了辆小巴士载我们一行人回台北市。

我在小巴士上，还跟我的经纪人晓茹姐提到我曾经将电脑扔在早餐店的蠢事，一边描述，这才一边想起我一万块钱还没有捐出去的事。

"当时我向老天爷许了个愿，如果我的电脑找得回来……"我还这么说。

那晚终于回到永和我的租屋处，第一件事要做什么？

当然是要讲义气地将最新的《杀手》贴在 bbs 网络上啊！

我打开背包，要将 MBA 拿出来时，完全傻眼了。

没有电脑！

我瞬间就想起来，我的电脑根本就还放在我在飞机上的座位前面啊！难怪我在下飞机时背起我背包的瞬间，还沾沾自喜："好轻啊，真不愧是全世界最薄的 MBA！"原来里头根本就没有电脑啊！当然很轻啊！

啊，这下真的赛了！

距离我下飞机、搭小巴士到台北、转出租车到永和租屋处，已经有两个多小时了吧？那台 MBA 那么薄，万一空姐整理座位的时候没有发现，我的 MBA 不就要全世界各地飞来飞去，或许现在不晓得已经飞到哪个名字很奇怪的国家了啊！

怎么办？

我抓着很短的头发，赶紧——大笑出来！

"哈哈哈哈哈哈哈，不过是电脑啊！"我哈哈大笑，然后超痛苦地把头撞在床上，大叫，"干，我在笑三小啦！干，你是白痴哦！"

冷静下来后，第一时间我当然想打电话给长荣，于是直觉地想打开电脑 google 一下长荣的电话，却立刻翻白眼放弃。靠，我没电脑可以 google 啊。

怎么办？只好厚着脸皮打电话给经纪人晓茹姐，请她帮我打给机场或长荣，查看看有没有人发现我的 MBA。

当晓茹姐开始查询的时候，我坐在马桶上，将莲蓬头打开热水对准我，一边大便，一边洗澡（这种洗法很爽的，有时候心情好，我还会分一只手刷牙咧）。

我在滂沱热水中思索。飞机那么大一架，说不定飞机根本还没重新加满油、例行检修、起飞吧？又，就算已经起飞了，幸好刚刚是坐头等舱，头等舱的乘客应该都很有钱吧？是吧？是吧？应该都爆有钱到对区区一台 MBA 不屑一顾吧？

但如果飞机已经起飞了，我的电脑要回到我手上的时间，就……

我说过：“人生中发生的每一件事，都有它的意义。”

那么，我又搞丢了一次 MBA，到底有什么意义？

依照作家最喜欢玩的“小故事大道理”，可以分析出以下选项：

（1）我真是个粗心大意的个中高手啊，以后要小心一点哦。

（2）MBA 太轻太薄了，我根本不应该买，换回之前那台全功能的 MBpro 吧。

（3）可靠的经纪人很重要，所以也很衰，每次都被我拖累。

（4）正妹真的是一种很容易让人……不，让我注意力分散的生物。戒慎！

全身热水很舒服，很舒服脑子也特别清醒，慢慢地我回想起我在小巴士上跟晓茹姐提到的 MBA 失而复得的故事。我忽然大惊，那个故事最烂的一点就是——我没有依照约定，捐一万块钱帮助这个世界。

干，搞了半天原来是报应啊！

几分钟后，当我最后一条的大便正要剪断时，晓茹姐回电给我。

“有，有找到，现在锁在机场的保险箱。”晓茹姐直入重点。

肛门一揪，我瞬间将大便剪断。

“是吼！超爽的啦！哈哈哈哈哈！那我现在立刻搭出租车去机场拿吧！”

虽然出租车来回机场的车钱很贵，可是！我绝对不想放我的电脑在外面过夜啊，万一我变成冠希哥第二怎么办？尤其我隔天就要去实践大学教课了，我有一些投影片想要更新放给同学看，没电脑辅助的话，上课时我只好隔空乱演讲了。

“不行，他们说保险箱明天早上七点才会开，所以最快也是明天早上七点。”

“啊？是哦。那……我想一下。”

省掉无谓的失望，我对既定的、无法改变的事实很快就接受了。我开始计算明天早上七点我要怎么去拿，去拿了以后能不能直接冲到实践大学上课。

“我跟你说，你明天下午两点要进公司啊，有个《天下杂志》的采访，所以明天中午我去机场帮你拿，你下午就可以拿到了。”

“是吼。”我超感激的，“那……那就拜托你了！对不起啦！”

“你那一万块钱快点去捐啦！”晓茹姐科科科笑。

就酱，自己白痴往往都会牵累到别人，自己赛也会赛到别人。

隔天晓茹姐帮我来回台北市跟机场，拿了我的心肝宝贝回来。在公司等杂志访问时，我看到晓茹姐将MBA交给我，整个就很内疚啊（不过心中的高兴还是远远大过内疚啦，赶紧拿卫生纸沾湿来擦有点脏脏的银壳）。

为了别人好，我决定把欠这个世界的一万块钱加码，提高到两万块钱，这几天就会乖乖找个可以信赖的慈善团体奉献出去，最近景气欠佳，大家找钱都来不及了，需要被捐的慈善团体应该都更欠钱。

希望依约定捐了后，任何可以主宰我 MBA 命运的神、老天、造物主等等之类的超强的力量，可以不要再提醒我“守信”的重要了。

不过，老实说这一次……一开始我硬要逼自己笑也太勉强了！

人生要做到自己曾经乱夸口说过的“快乐法则”，真的真的好难啊。

千万记得啊，以后大家在看作家写的那一些“教你怎么把人生过得更好”的励志书时，他妈的可以信一半就很强了（下次来写一篇专供大家围殴励志作家的文好了）。

应该干出口的时候竟然要笑，真的很不健康，我之所以还是想试着笑，是因为想贯彻对女孩的信用，而不是因为这样做真的有什么人生上的好处啊。

这件事真难以启齿!

2008.12.28

今天博客的主角，是江雷孟先生。

雷孟是我最近三年交的朋友，他是《G 大的实践》纪录片的制片（导演是廖明毅），这纪录片拍的时间很久，好像跟拍了我长达两年，很巧合地这片子正好从我书卖得很烂的时候，一直拍到卖得不错，整个过程很悬疑地被记录下来，所以硬要乱讲的话，说是患难之交也是可以的啦。

拍了那么久，没有变成朋友才奇怪。

雷孟后来跟廖明毅帮我拍了电影短片《爱到底》我的部分，是我的执行导演，由于天生的正义感使然，我常常阻止他们在拍片的时候借机把妹。（真相——我觉得眼睛范围内看到的正妹统统都是我的！）

后来我一直相当自责。

因为!

因为!

因为后来雷孟开车送我回家，停在路口红绿灯前的时候，他用很扭曲的表情跟我说，他每年年初都会制订一年计划，比如要做什么，要完成什么之类的，雷孟说，回想起来，在2008年他订下的计划统统都有达到，感觉很好。

BUT！

人生最悲惨的就是这个 BUT！

BUT 他也许下了 2008 年一定要交到女朋友，如此卑微的愿望啊！

就只有这么个卑贱的愿望没能达成啊！

说着，雷孟就趴倒在方向盘上失声痛哭了，还说再不快点交到女朋友，以后等他飞黄腾达、变成知名的大导演后，漂亮女人们就只会要他的钱、要他的名、要演他的戏，就找不到单纯只要他肉体的真爱了。

靠腰！朋友是交来干什么的！

我最爱跟正妹大合照了。

交来借钱的？

对！

交来搭便车的？

对！

交来打麻将的？

对，而且一次要交三个！多交了还不行！

不过有的时候，交朋友就是单纯乱讲义气啊！

我算了算，距离 2008 年结束，还有三天的时间！

三天！上帝创造这个世界，也只不过花了六天的时间！

三天！借助超级红娘之九把刀无名博客，夹带每日四万的闲晃人气，三天之内要逼雷孟遇见他的真命天女，应该也只是刚刚好而已吧！

所以啦，在此向各位寂寞的女孩们献上贡品一枚，雷孟先生的博客：

http://jinlin0816.pixnet.net/blog

中间的是谁？干，好帅！

图一，最右边是雷孟。

雷孟的眼睛很小，只有一条线。（据民间传说记载，传说眼睛小，别的地方就比较大。）

附带一提，最左边是廖明毅，至于站在正中间、全身散发强烈霸王色霸气的男子汉，则身份不详。

中间是静美姐和莫子仪哦！

补图二，最左边是雷孟。

雷孟有吃鼻屎的习惯，不过不是因为他的个人卫生习惯不好，而是他的鼻屎相当好吃的关系。附带一提，最右边是廖明毅(此案暂时不受理)。

话说廖明毅好像也想交女朋友，不过他正在当兵，所以我们就不管他了。谢谢!

毕竟专心当兵也是很重要的哦!

毕竟专心当兵也是很重要的哦!

毕竟专心当兵也是很重要的哦!

毕竟专心当兵也是很重要的哦!

毕竟专心当兵也是很重要的哦!

毕竟专心当兵也是很重要的哦!

2009 年

我的演讲战斗（6）：关于演讲讲题的选择

2009.01.04

写小说，我无法限定自己在固定的题材里无限重复，我的耐性有限。演讲也一样。不知不觉，讲题越来越多。讲题多，但是场次也多，所以即使我没花过时间练习，但不断实战也鞭策了我诠释演讲的方式。后来察言观色，去芜存菁，斩掉几个大家比较没反应的桥段，增强大家很有笑声或特有躁动的段落，就算是同一个讲题也慢慢有了不一样的讲法。好玩的讲题有时候很有挑战性，因为是邀约单位的特殊要求，我负责配合。有时要做一点功课，毕竟我才疏学浅，光靠才能是明显不够的。

例如很早的时候中正大学请我演讲的题目是“历史小说”，可我明明写过的历史小说屈指可数，在当时不过才《杀手，角》与《少林寺第八铜人》，且都不是正统的历史小说。那时我才演讲不到十场的经验值，讲得很惊险。

又例如暨南大学的国文通识课请我去讲“现代武侠小说”，要我主讲自己的小说《功夫》，在演讲中单讲一本书的难度颇高，因为底下的学生要是摆烂没事先读过，效果就会大打折扣。

联合文学要我讲“文学与空间”，我有点没印象自己说了什么。倒是有印象说了咖啡聚的往事，跟放了一段我还在台中东海租屋处的写作空间的录像。

南投的中兴高中请我用读书会的形式主讲《杀手》系列，我花了大量的时间在陈述《杀手》世界里的种种正义观与价值，跟蝉堡真的很酷等等之类的。缺点是，底下的学生如果没有看我写的《杀手》小说，会完全进入不了我的世界。

真理大学由于要主办校内文学奖，请我演讲“如何写好短篇小说”。这个我就惨了，我还真的不晓得怎么把这个题目讲两个小时，于是只好硬着头皮说我的“小说创作三元素”。

中研院要推 CC 授权计划，于是我硬着头皮去讲了有点死板的“网络文学与衍生创作”。这个讲题其实不是很大众，完全就是硕士论文学术研究的活泼版本，后来在彰师大又讲过一遍，我自己觉得勉勉强强。说真的虽然我可以用一本正经的态度去讲一个很严肃的主题，也觉得讲得不错，但实际上我还真不喜欢没有笑声、一点都不轻松的演讲场合……没成就感啊!

回想起来，目前为止最屌的演讲地点是在成功岭服“替代役”新训时，在大餐厅演讲给整个第三中队听。那次演讲我穿着白色短汗衫加上蓝色短裤，一整个不 OK！不过“替代役”男可以这么演讲给同袍听，应该算是很屌了吧。

讲题很多，但讲到后来，邀请我的单位越来越多，比起以前都是大学请我去，现在是很多初中高中的学校也来邀约（大概是学校教官没收了越来越多我的书吧）。面对第一次跟我接触的高初中读者，如果我演讲“小说创作三元素”之类的写作性题目，底下的学生一定睡得很爽，因为对创作有兴趣的人绝对在少数，他们才不管我如何如何会写小说咧，试了几次都一样——缺乏互动的演讲，等同没有人想看的小说，写了等于白写，不如不写，讲了不如不讲。所以听众是谁，理所当然决定了我的讲题。

一遇到那种全校性的演讲，我就会挑“人生就是不停的战斗”这种很好玩、又励志、又热血的题目，不管有没有看过我的书，所有在底下听演讲的人都可以从两个小时的演讲中得到一些勇气或乐趣。

讲到后来，变成“人生就是不停的战斗”这题目讲得最多。以后也会是吧。

“人生就是不停的战斗”这个主题底下，有五十多张投影片可以讲，各自承载着不同的子题。从我小时候拥有的第一个梦想——想当漫画家开始说起。一直到我开始写作，最后终于被大家看见我的存在为止，每一个子题都用我的一本书当作画面。

投影片，《恐惧炸弹》。我喜欢讲在新竹租屋写小说的奇妙房东，也很爱提没人要看我的小说的时期的自我解嘲。明明就很孤独，可是孤独也有孤独的自得其乐。如果一件事情无法让你自得其乐，肯定没力持续下去。

投影片，《魔力棒球》。这是一个血淋淋的网络文学与实体书销售大矛盾的案例。我觉得每一个在台湾研究网络文学的人，都应该来听听这一段笑中带泪的故事。常常我觉得多文化文论者都过得太爽，才会一厢情愿觉得网络作家在网络上放作品给大家看是一种自我营销。靠腰，我的演讲一向很多投影片。

过来听这个部分，保准你对我肃然起敬。

投影片，《等一个人咖啡》。我会提到我写作以来面临的第一个、希望也是唯一一个的畅销魔障。说真的，我写了很久都没想过自己有一天也会变得很畅销，直到我拥有了黄金等级的灵感《等一个人咖啡》，但拥有后，却出现了迷惘，莫名其妙觉得仿佛从这本书开始就能够畅销，于是开始……出现我过去从来不曾出现过的行为。就连如此骄傲的我也会迷惑，我觉得这样的经验很有意义，分享给有心创作的人，听的人应该特别有感触，会警惕。

投影片，《爱情，两好三坏》。我会说说我开始尝试当电视编剧的经验。那个失败的经验让我觉悟到自己的自以为在短期之内是治不好的，所以还是别搞集体编剧那一套，自己写自己喜欢的东西比较实在。

投影片，《楼下的房客》。我喜欢讲在祖国大陆宣传楼下的房客时发生的怪事与趣事。对，有《猎命师传奇》序中提到的比斯吉大作战，但也有很多期他的梗啊。

投影片，《哈棒传奇》。这绝对是整场演讲的大高潮啊，很有梗，虽不见得每一场演讲都会讲，但讲了一定很爆笑，讲多了我会有些害羞，因为内容真的太好笑了，导致要让全场笑到疝气，简直毫无挑战性啊！

投影片，《猎命师传奇》。我肯定会提到黄易大师的《寻秦记》。这也是很真实的自我反省的经验谈，对于自己根本没有接触、没有基本了解的东西，绝对不要随便批评——那是多么廉价的批判。

投影片，《那些年，我们一起追的女孩》。这是一段很温馨的真实回忆啊，由于我对很多作家用真实人生、虚构的故事掺杂在一起写成小说，号称回忆之类的东西感到绝对的反感，所以当我写起当年我们一群死党一起追同一个女生的故事时，就是绝对的真实，所以这本书对我意义非凡。说到当年大家共同喜欢的女神，我总是眉飞色舞的哩。希望女神沈佳仪总有一天，能够坐在底下听我神乎其技地说着关于这本书的背后故事。

投影片，《妈，亲一下》。我会说说妈妈生病的时候……我人生里最黑暗的时期，是怎么影响到我对写作的态度。说到这一段的时候通常已经到了演讲的尾声，有些尿急的学生会开始躁动，如果我感觉到大家已经听得够爽了、不想再听了，我就会直接省略不讲。因为我可不想在认真传达情感的时候听到任何噪音。

其实生动有趣的题材还有很多很多啦，可是投影片有很多张，不可能每一张都会讲到，所以都是看心情、看现场气氛，有时候是看时间限制，一边讲，一边挑选想要讲的。如果连续两天都有排演讲，前一天讲过的，我隔一天就会换掉三分之一到二分之一的内容吧。

不能不提，还有一个隐藏版本的题目，就是——传说中的“手枪王”！

“手枪王”，表面上是个限制级的讲题，实际上呢，当然就是无敌爆烂的超限制级啊！这个大魔王 BOSS 等级的题材，整个讲起来大概需要二十分钟吧，因为内容非常的喇赛，所以绝对不可能拿去高中或初中讲。就算是大学，我也很久很久没讲了……

因为！因为以前学校随便两千块就可以请我过去，我还蛮敢讲“手枪王”了！

BUT！

人生最精彩的就是这个 BUT！

现在演讲费用提高了，我还真的不敢讲“手枪王”，让主办单位瞬间发疯。

不过我们说真的，在火车上遇见“手枪王”是我真实的战斗经历，归根究底还是相当励志。期待某一天我遇到一间很够种的学校，指明要我讲“手枪王”到底是怎么一回事，那我就讲吧。

只有到文学营或中文系演讲，我才会讲一些关于写作窍门的题目。

底下的听众清一色是想确切知道我在写作上的思考模式而来，所以磁场算是一致，即使我讲得比较干燥，他们照样也能听得入神，赞不赞同我的理念当然未必，可单纯消耗一场演讲的时间去初窥一个作家的脑袋结构，应该不算吃亏。

有时候我会用投影机，直接展示我电脑里存放的灵感数据库，让创作同好看看平常我是怎么巨细靡遗地埋藏我的ONE PIECE的，分门别类，量大到爆炸。这样的展宝有好有坏啦，也许我激发了很多人对“勤劳”这两个字的全新感受，或许，也让很多同好觉得……干脆小说都让我一个人来写算了。:P

但我明白“底下都是创作同好”的机会不多，不过也无所谓，随缘。

2008年我开始在实践大学教课，才有百分之百的机会将我对创作的认识，透过一连串课程传达出去。现阶段我觉得我做得没有很好，毕竟上课不是演讲，没办法一堂课都弄得很有趣，我想欠缺的是经验吧，又或者我该体认到上课的本质跟欢乐的演讲就是有着很不一样的东西。

但我想变强，我会继续尝试。

（未完待续）

我的演讲战斗（7）：传说中学生会会长的大爆料

2009.01.05

演讲了那么多间学校，当然发生过不少值得回忆的趣事。随意举出两三件好了。

2005 年在“中国医药学院”演讲，在我一阵支支吾吾的东拉西扯后，我突然拿出一束鲜花向追求中的女孩告白。女孩坐在人群中，紧张得不知道该怎么摆表情。

“今天晚上送给你这一束花，不是要问你想不想成为我的女朋友，只是单纯地想让你快乐。”记得我是这么说的。这一段还有完整的影片哦，呵呵，改天炫耀给你们看。

不能不提世新大学。

直到今天，累积了一百六十几场演讲，可除了2005年年底的世新大学，没有任何一个机构单位、一个文学营、一所学校是我主动要求想去演讲的。世新大学之所以是特例，跟世新大学被美女塞爆没有太大的干系。

是这样的。在我被毛毛狗甩掉之后，除了很娘炮地哭，我每天都很勤劳地在点无名美女相簿解闷，也整天都在点我的留言版里的读者博客链接（算是很积极地重振人生了，怎样！这种性格请参见——《那些年，我们一起追的女孩》），很想狠狠被电一下。

某天我点到了一个马尾女孩的相簿，她很清秀，整个就电倒了我。虽然完全不认识，只不过她看过了我一本书，写了读后感给我，我依旧无耻地怀抱着无限遐想留言给她，还厚脸皮问她：距离圣诞节还有三个月，那么，如果今年圣诞节以前我们都还没有男女朋友，要不要，我们就在一起吧！

马尾女孩很有同情心地说好。

登登！

从那一刻开始我的人生就整个光明起来了，觉得我还没有被这个世界放弃。我称呼那位马尾女孩叫“三个月小姐”。

世新大学再邀我嘛！

后来虽然我在三个月的期限内认识了命中注定的女孩，而没有跟“三个月小姐”在一起，但我真的好感激当时她救了快溺死的我一命，在我最悲情的时候，有一个这么正的女孩，居然肯要我！这种巨量的同情心真是难以形容。

为了表达我的感激，我立刻在 bbs 上写信给世新大学学生会的会长，请他们务必邀请我到世新演讲，演讲费乱给或不给都随便啦，重点是我想快点过去报恩！

收到我毛遂自荐的世新学生会会长很有效率，很快就邀了我过去。演讲最后几分钟，我看着坐在底下的“三个月小姐”，说了为什么想来世新演讲的原因，谢谢她救了我，也圆了自己一个感激。

补一个，后来我好像是在 PTT 上面看到一个关于我的八卦。世新学生会会长爆料，说九把刀当初写信给她，希望她邀自己去世新演讲。会长很疑惑，问九把刀为什么主动想来世新演讲，九把刀说，是他死去的外婆托梦给他，叫他一定要快点去世新演讲。会长说她当时好感动，觉得九把刀超孝顺，于是用最快的行政效率邀请了九把刀。

然而，就在演讲最后，九把刀竟然自己爆料是为了讲给一个女生听才主动跑来，让学生会会长听了快昏倒。她很暴怒，原来九把刀是为了报答正妹才来这招，早知道就不让他来了。不过，当会长气冲冲讲给其他人听的时候，其他人都大笑，说怎么会有人相信九把刀随便唬烂的理由啊，还死去的外婆托梦咧！

哈哈。对不起啦！

现在“三个月小姐”谈恋爱了，变得越来越正，非常祝福她啰！

人数最多的演讲，其实不晓得是哪一间耶。

我不可能巨细靡遗列出来，但第一场现场超过两千人的应该是台中的向上初中，超多人，非常热情，学校也很有规划地设计了演讲，是第一所让我感到很冲击的学校。

人多，安静就变得非常重要，甚至是最重要。

随手举例几间给我第一流安静的“破千人”听讲的高中（大学基本上都是安静的），如员林高中（那一束意外的光！）、台南一中（我签名竟签了两个多小时，有没有搞错啊）、云林正心中学（很难得晚上在高中演讲，超扯）、彰化女中（我走路就到了）、台南南宁中学（印象深刻真的很安静）、台南善化高中、彰化田中初中、彰化师大附工（你们学校老师对我似乎颇有误解啊）、台东高商、台东高中、台北明伦中学、台中清水高中、新竹高工、竹北高中、新竹竹东高中（希望坐在地上不会太委屈你们啦）、台中文华高中（我第一百场演讲，正妹很多）、台北永春高中（校园超美，列入正妹评鉴地图）、桃园平镇高中、云林虎尾高中（你们学校教官还讨厌我吗？），明明听讲的学生人就很多，可这几场大家超安静，我印象非常棒。

希望将你们的学校列出来，你们会觉得有点高兴啦。

座谈会也归类为演讲的一种，但也不大能算。就我而言，我一个人演讲绝对比跟谁谁谁座谈会精彩很多，因为我怕生。我不大喜欢跟不熟的人座谈，这是老实话，就算我崇拜对方、尊敬对方，也不代表我就喜欢跟他一起聊天给观众听。但基本上座谈都是跟不熟的人座谈啊，真正熟的人，还座谈个屁啊，私底下一起约去看电影就好了，要来个明目张胆的座谈，都是硬讲给底下的人听。基本上，两个不熟的人交谈起来，如果没最浅薄的一点点默契，其实就是各说各话，没交集，各自精彩罢了。这类型座谈会的进行，比起主持人拼命地穿针引线，底下听众的自由提问更重要，因为主持人不见得能掌握听众真正想知道什么，大多只是不想有冷场，不如放任由听众来默默主导——好的讲者一定能借由听众提问，制造出火花啊！跟我座谈过的人，应该都很辛苦，因为我很会乱讲。

不过有时候我也蛮辛苦的，因为我会因为不想座谈对象觉得我很鸡巴，就尝试压抑比较自我、比较随性的个性，弄出微笑谦让的表情给对方看。我虽然尊师重道，但尽量还是想做自己。可若完全做自己会让对方难堪的话，干，我们有时候也可以不那么自己，一下下，没关系。

回想起来，我觉得跟我一起座谈的人里面，应该就数蔡智恒最聪明了，他很会扯，也很幽默，臭屁起来也是狂妄自大的品种。

不过我不久后在 2009 年 2 月份台北国际书展，据说要跟强兽人朱学恒进行一场公开对谈，他大概、疑似、可能、推测，比蔡智恒还要聪明的样子吧。

反正都比我聪明啦。

小内装幼稚，每次都装得很成功。

我的演讲战斗（8）：一对一单挑型的演讲

2009.01.05

人数最少的演讲——绝对，绝对是2006年9月在台北世贸举办的两岸图书销售大会。

那天是星期一，我的演讲在早上九点，是所有演讲场次最早的一场，两岸图书销售大会洽收门票100块（新台币，约21RMB），那天也是大会开幕的第一天。为什么安排得那么早？主办单位希望可以由“疑似人气最高”的我开场，为整个活动带来好彩头。

可是……星期一耶！又不是暑假，大家都要上班上课，哪有可能有人会为了听一场收100块的演讲，搞到翘班逃课啊！就算是不去上课也不会死的大学生，拜托！大学生都睡到中午才起床，九点的演讲谁爬得起来啊！

我一到现场，头皮立刻发麻。别说专程来听演讲的听众了，就连一般定义的人类也屈指可数啊，我敢说，现场除了记者跟展场的维护人员，绝对没有一个是买票进场的地球人。

“太……鸡巴了吧！”我虎躯一震。

工作人员个个都在回避我的眼神，我了解他们很怕看到我露出失望的表情。失望是不会，我早就知道人肯定很少，但我还真没料到完全没有人。所以我比失望还惨，我完全就是灵魂出窍啦！

“大家好，嗯嗯（麦克风测试）……我是九把刀。”

我一拿着麦克风，坐在底下的人就只有跟我一起过去会场的经纪人晓茹姐，其余都是彻彻底底的空位，跟游离在演讲区外的几个工作人员（脖子上都挂着黄色吊牌）。认识的出版社编辑脸色诡异地远远看着我。

怎么办？

还要讲吗？

我看着晓茹姐，她看起来倒是很平静，一派自然地坐在下面。

我想起了刚刚接手我业务的晓茹姐，只有私下聊天的经验，连一场正式演讲都没有听我说过。那么，扣掉她的身份，晓茹姐应该可以算是一个真正的“听众”吧？

于是我就拿着麦克风，用家常闲聊的语气对着晓茹姐演讲了起来。

当然了，对着仅仅一个人演讲，跟对着一大群人演讲（去高中演讲时，经常是对全校，或至少两个年级的学生演讲，两三千个人很平常啊），当然还是少了很多比较大的手势跟声音表情，但，我可是相当认真地一直讲一直讲啊。

冷静是晓茹姐的强项。晓茹姐边听，边微微点头，算是帮我打气吧？

大概是这种一对一的单挑型演讲实在太特殊了，在现场附近观望的展场工作人员也渐渐走进来坐，不过人数还是很少，不到十个人。每次看到新进来一个人坐，我的内心竟然很不争气地感到得意。

就这样，我讲了一个小时整结束。

自古以来很多大将军都会说，就算战到一兵一卒也不言退。

后来许多演员都会说，就算底下只剩一个观众也会认真表演到底。

说归说，妈的谁真的遇到过？谁又真的做到过？

很久以后，我听闻了某位畅销励志书作家，在某年去成功大学主讲一场关于“谈 EQ”的演讲，结果一到会场，只有小猫两三只坐在下面，他当场大怒，拂袖而去。哦，拜托，题目是 EQ 耶，蛮讽刺的不是吗？

我的缺点许多读者都知道，我这个人是绝对不装谦虚的。但我这种超不励志、超自以为是、严肃文坛拒绝承认资格的作家，内在精神力跟实践力可比一票只会嘴炮的大师强悍多了。

突然想到新加坡。

就在去年吧，记得我第一次受邀去新加坡世界书展的演讲，底下约有两百张椅子，可是却只有寥寥二十几个人坐在底下听，其中还有几个人是我在新加坡其他小演讲会场时遇见过的熟面孔，他们特地为我加油打气，几乎跑遍了我在新加坡的行程，可是，现在来到最后一场主力型的演讲了，竟然反而最少人？

我一上台，就感觉到他们的尴尬。

尴尬这种气氛比瓦斯气爆还危险，我怎么会不怕？我也很怕啊！不过，我很怕，但还没有怕到落荒而逃。

我先是照常演讲了一个多小时，直到快结束时，我永远记得自己是这么说的：“哈哈，大家可以放轻松了。我知道你们替我紧张，人那么少，九把刀是不是觉得很丢脸，自己的人气怎么这么低。可是说真的，

这一场在新加坡的演讲，人超少。惨！

演讲后，几个读者被我带坏。

我也很替你们紧张，想说坐在下面的你们一定很尴尬，觉得我简直很惨、不忍心之类的。是不是？站在台上，每次我要看你们的眼睛，你们就赶紧把视线瞥到旁边去，不跟我对看。”

听我如此自婊，台下的二十几个人突然释怀地笑着点点头。

“其实我也有点尴尬耶。我很可能是目前台湾人气最强的作家，所以主办单位花机票花饭店钱邀我过来新加坡，想说反正我一定很厉害。我也很重视，现在我觉得没有办法符合主办单位的期待，号召很多新加坡的读者来现场听，也真的有点不好意思。原来我其实在新加坡很逊。

“但你们知道吗？这可不是我遇过人数最少的演讲，有一次我在台湾演讲，台底下除了同情我的工作人员外，只有我的经纪人晓茹姐坐在底下，明明那个时候我在台湾已经很红了，但却只有一个听众！怎么办？干，照讲啊！虽然我常常说，人多我就很high，但人少我还很认真地演讲，才显得出人生就是不停的战斗嘛！

“有些记者在采访我的时候都会问，九把刀，如果有一天你的书又卖得跟以前一样烂了，怎么办？我都会说，其实我是经过很长的时间才看见读者渐渐变多，有个过程，所以不是一夕爆红，不是一夕爆红，也就不会有一夕爆红的后遗症，如果有一天我不红了，演讲少很多了，可以有更多时间写小说跟约会也不错啊，哈哈，在台湾我有个很喜欢整天都约会的女朋友，你们有看我的博客就会知道她。

“但是！注意了！虽然我们可以安慰自己万一有一天不红了也没关系，BUT！人生最精彩的就是这个BUT！我们要有志气一点嘛！这是我在新加坡第一场大型演讲，人很少，不要紧，但我会更加努力，写出更好的作品，多来新加坡几次，总有一天我要每一张椅子上都黏了一个人。人生就是要有挑战才有意思，今天是我在新加坡的起点。谢谢大家！非常感谢你们！”

那一场由仅仅十几个人热烈拍出来的掌声，此刻我闭上眼睛，还听得见。

我的侄子 Umi。

我的演讲战斗（9）：台南一中的吴老师教官

2009.01.06

借着演讲，也带我到过好多好多地方。台北、台中、台南、高雄这四个大城市的学校我去了好多，不过没去过的更多。说真的，至少每一间女校我都很有兴趣去走走啊！下个星期我要去台中女中，我就整个很期待啊……（面不改色地说出丢脸的话，也是我的强项。）

在大城市演讲不稀奇了，像是好山好水的花莲，我应该就去了三次，不晓得是演讲是顺便呢？还是去玩才是顺便，总之花莲给了我好多的回忆，是个相当美丽的地方。远如台东我也去了一次，不过那一次竟连着两天跑了四间学校演讲，等于我全部都没有玩到，完全！没有玩到！下次我要专程去一次哼哼。

马祖的学校有邀过我，不过后来时间上不行，可惜。澎湖我过几个月会去演讲耶，届时也会带女孩一起过去，女孩没去过澎湖，可我去过两次，会租机车好好载她兜一下风。金门的特产是菜刀，不过有学校在欠九把刀的吗？

说起来，除了外岛，在台湾宜兰我也还没有去演讲过。

屏东目前是没有，不过快了，我今年4月1号要去屏北高中演讲，既然都到屏东了，我预计可以再多讲一所屏东的学校吧，有没有屏东地区的学生要去跟学校建议的？其他时间我要自己开车在屏东闲晃啦。

杀手欧阳盆栽说过：“每件事都有它的代价。”

演讲当然是收费的。

不过演讲的费用真的不是我在控制的，是经纪公司在管。除非邀约我的人跟我有极为特殊的私人关系，否则我不可能请我的经纪人通融。

只要有演讲邀约的email寄给我，百分之九十九会被我直接转寄给经纪人处理，我几乎完全不去管它。有的学校、奇妙的单位不知道从哪里弄到我的手机直接跟我乔费用，真的让我很困扰，说了半天其实我们也不认识、没交情、你是不是正妹我也不确定、就算你真的是正妹也不是我的正妹啊，干吗硬要卢我呢？如果我真的可以完全自己决定费用、决定时间，经纪公司跟我签的那张合约难道不会有法律问题吗？

不过，偶尔有偏远地区的学校提出邀约，只要给交通费等级的费用我也会去。因为我不断在演讲的过程中见识到城乡差距的可怕。

怎么说呢？

常常我演讲一开始会放几张动漫的图片，用笑声热热场子。我发现在越大的城市里的学校，我听到的笑声就越欢乐。可是将场景挪换到乡下地方的小学校，在我放搞笑投影片时竟然只有几个人在给我干笑，还笑得有点心不甘情不愿。

这表示什么？表示他们完全都没看过我放的投影片里提到的《海贼王》《猎人》《火影忍者》《死亡笔记》。拜托这些漫画都很红耶！就连电视也常常在播啊!

我自己是在小小的城市彰化长大的，可是我每个星期都还是有认真在抽屉底下偷看《少年快报》呀。原来对我来说很稀松平常的消遣，对很多资源更不足的地方的学生，一本漫画，竟是那么陌生而遥远的娱乐。

同样的想法底下，那些学生眼中所谓的“知名人物”，应该也很少来小学校演讲吧？那么，就让我偶尔被动地接受偏远地区的演讲邀约，开全部火力演讲“人生就是不停的战斗”给长期缺乏文化刺激的学生听吧，这点我也跟经纪公司说过了。

这是我自愿被凹，所以我不接受别人凹我（这个下下篇来详谈）。

城乡有差距。学校文化也有差异。

台南一中的演讲经验很特殊。

通常我演讲结束后，留在讲台上为同学签书，大概签了十五分钟吧，学校教官就会嚷着：“上课铃响了！同学们快点回教室上课！快！”再过一阵子，必然倡导无效，此时教官就会随手指着排队队伍中的一个，说：“从这个人之后统统给我回教室，签不到你们了！快！不然就要开始登记！”

初中生跟高中生都很怕被登记、被记过之类的，被教官这么一恐吓，就会开始闪人。我大概只要签二十分钟就可以跟工作人员大合照，开车走人啰。

BUT！

人生最惊吓的就是这个 BUT！

记得 2008 年 4 月我去台南一中演讲的时候，发功一结束就坐下来开始签书。我看了排队的人龙一眼，干，超长，绝对有绕了大礼堂一整圈。不过我一点都不怕，因为总是有教官罩我啊！

结果我一直签一直拍照一直握手，时间越来越久，人龙还是长到让人绝望，钟声敲了又敲，都是在敲爽的。

最后，带着微笑的教官终于出现了。我的心一宽，感觉得救。

都不准看镜头！

这辈子没那么喜欢过教官啊！

只见这位穿着卡其色制服的平头教官，和蔼可亲地拿着麦克风，对排队圈了又圈、圈了又圈的南一中同学们说："那个……钟已经打了，想上课的同学，记得快回教室去上课啊……学习也是很重要的。如果想留在这里签名的话，记得要有礼貌哦……呵呵呵。"

说完就走了。

干干干干干，你这个教官竟然是《哈棒传奇》里的吴老师假扮的！

不幸我没记错的话，那天我签名签了超过一个半小时以上，几乎跟演讲时间一样长了。他妈的签到我神志昏聩，而且签名的几乎都是男生，我完全没有一点飘飘然的快乐啊，大哥！

说到演讲时间跟签书时间的平衡，我认为最佳的比例是：100 ∶ 0。

记得我说过，不管到哪个学校，我都打算讲满两个小时。这不是我很敬业，也不是我有特殊的责任感，而是我话很多……我记得我甚至在青云科技大学好像讲了超过两个半小时，中间逃去尿了一次，大概是目前最长的纪录。

不过，一般高中、初中，校方在集合同学、管理秩序、整队安静之类的杂碎时间都会花掉十几分钟，长官再讲一讲，实际上留给我的只有一个半小时吧。很短耶，几乎不可能残存问答时间。

有的学校希望我可以留一些演讲的时间帮同学签书，我当然可以，叫我签书又不是叫我挑钢筋。比起舒舒服服坐着签书，脊椎有毛病的我一直站着演讲才累好不好？但这样做，对校方、对学生真的值得吗？

我说了蔡智恒很聪明，大叔他倒是看得很透彻，他说读者就是希望你快点讲一讲，然后赶快帮大家签书就对了。

可是我……有毛病。

如果我签书花半个小时，等于我演讲只有一个小时又多一点点而已耶。一样花相同的费用请我去演讲，怎么不想办法把我的最大价值压榨出来呢？

今天要是我演讲得很烂也就算了，就当作花点时间劳动服务为大家签书，可是我真觉得我的演讲内容应该对坐在底下听的人有些帮助，就算没帮助，至少也蛮好玩的吧?

再说，演讲对所有人都好玩，但签书，就只有对正站在我前面的读者好玩而已，其他都在排队耗时间，排队的人一边觉得累，还一边在心中默默对我产生恨意。

其实已经不定时都有签书会在举办了，我根本就是那种很好找到的作家啊。想得到签名，签书会的时候我还会每本书都画画哩，但演讲结束时受限时间压力，我只会签名而已，岂不很单调?

如果可能，我想拿所有的时间演讲。

认真带走我演讲里的任何一句话，让那一句话与你的人生发生化学变化，这更像是男子汉“无中生有等级的签名”啊!

光明磊落地活下去

2009.01.08

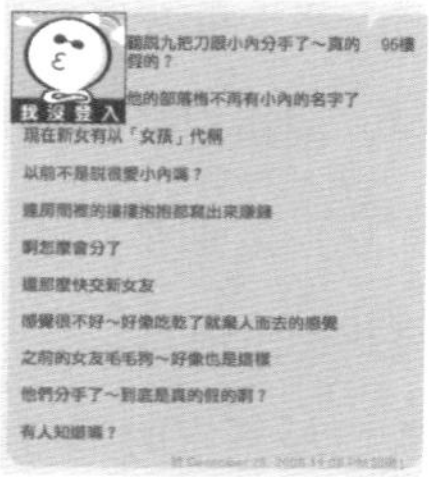

还记得前几天有一个人到处造谣毁谤我吗？我们姑且称他为造谣者，这是那个造谣者当初的留言。

而这篇文章是我当初的反击。

http://www.wretch.cc/blog/Giddens/7173191

标题：最近有很多恶意中伤的谣言，我转录几天前写在bbs上的自清。

这件事有了进展，也迅速得到了结束。

经纪公司的法务部说，这样大量地匿名滥贴伤害我名誉的留言，明显出自恶意，留言内容又与事实不符，已经构成毁谤，建议我可以采取行动，向网络警察报案处理，不然每次我都被玩阴的，应该要有一次真正的法律行动。

我跟他们说，要不要告暂时不论，因为我这辈子还没告过人，可以的话我不想有先例。但我对到底是谁这样毁谤我，很好奇，所以我无论如何一定要把这个人找出来，要是只有网络警察可以帮得上这个忙，我肯定去报警。

为了确实被受理，我得先搜集基本的证据——于是我先贴出了这个造谣者的 IP 地址，然后希望有被贴到恶意留言的读者可以继续提供这个造谣者其他的 IP 地址出来。

而自从我贴出了这位造谣者的 IP 地址后，有些读者网友告诉我，用这个在线软件（http://www.ip-adress.com/ip_tracer/）可以追踪到 IP 地址的所在地。于是我用了，干，还真好用。立刻就可以知道造谣者使用电脑的位置，两个不同的 IP，都长在相同的地点。都在高雄的这个地方。

好，接下来不久，我的经纪人晓茹姐就收到了这个造谣者的来信。

这个造谣者的信是私信，我不便公开，但有三个重点：

一、承认犯行，并希望我原谅他。

二、他愿意在一千个博客上留言向我道歉。

三、认为女人青春有限，我应该快娶我的女友。

晓茹姐先打电话过去，确认了对方是否真的就是犯人。对方承认后，晓茹姐将信转给了我，我看了后有三个反应：

第一，我松了一口气，犯人有找到，省下我很多调查跟报案之类的时间。

第二，我还是很好奇这个人到底是谁，自首信中有提到真实姓名，但这个真名我一点也不眼熟啊，哪来的这么一个人对我怀恨如此深？

第三，我很生气。这封貌似道歉信的信，竟然敢提醒我女人青春有限，叫我快娶女友，俨然对我说教，更有一种“今天这样恶搞你，还不就是因为看不过你迟迟不娶你女友”的侠义精神。

侠义精神个屁！

他妈的我心爱的女孩才连大学都还没有毕业，娶不娶怎样？一副对我的女友很关心的样子，竟会连我的女友有没有大学毕业都不知道？撇开这个，我跟我心爱的女孩要什么时候结婚、甚至有没有要结婚，都轮不到我们两个之外的人操心。

我们彼此相爱，有彼此相爱的方式与默契，你不认同，是你“内心世界”的事，但你可以这样到处在读者留言板里匿名毁谤我、去展示你的不认同吗？尤其这个造谣者竟然敢在毁谤文里提到“九把刀遗弃前女友毛毛狗”这样的字眼，到底对我有没有一点用 google 就可以解决的了解啊？我在《壹周刊》连载的故事《这些年，二哥哥很想你》里写了很多与毛毛狗相处的往事，也提到了我们是怎么无法继续在一起，你还真敢讲我遗弃了谁！

我喜欢我的女孩，就是很喜欢很喜欢。

我忙着头痛，小内忙着笑。

我们很甜蜜，一起玩狗，一起跟对方的家人到处旅行，一起计划未来。

我们会吵架，会争执，会赌气彼此不说话，也会吵到哭，甚至也会提分手。

我们跟所有的情侣一样。很特别，也一点都不特别。

万一有一天我们无法再走下去，我绝对不会因为不断受到大家热烈的祝福，就不敢跟女孩分手，为了维护虚假的好情人形象，勉强将这段感情苟延残喘下去。

大家很看好我们，也很祝福我们，我觉得很得意，女孩更觉得很开心。可是如果有一天我们结婚了，绝对不是因为大家希望看见我们结婚而结婚，而是我已经爱她爱到如果不娶她我就会全身爆炸的地步——这才是纯粹的爱情，不是吗？所以我不接受这位造谣者虚伪的侠义精神，我肯定那只是他充面子的理由。

好了，然后我昨天晚上六点多，从经纪公司打电话给这位造谣者。电话中，我跟造谣者说，你自首，让我不用花时间找网络警察搞得我自己很烦，这点我算是谢谢你。所以我今天自己打电话给他，而不是委托经纪人处理，就是想和平地解决这件事。但要和平地解决，就得老老实实把事情原委跟我说清楚，我保证——只要清楚交代身份跟动机，并在网络上道歉，我就不会走法律路线。

其余对话的内容就不详细提了，总之有几个重点。

最大的重点就是，这个造谣者果然以前就对我怀恨在心，我也有记忆。

无名的使用者 MIXTIME。

起因，就是这个补习班老师简诤（不是作家简媜）乱讲他曾教导过我的事。

事件相关一，http://www.wretch.cc/blog/Giddens/7099308

标题，2008.01.25 好鸡巴的感觉，据说“简诤”到处说我是他的学生？

事件相关二，http://www.wretch.cc/blog/Giddens/7099577

标题，2008.01.26 简诤寄信给我承认了

事件相关三，http://www.wretch.cc/blog/Giddens/7099605

标题，2008.01.26 态度决定了很多事

事件相关四，http://www.wretch.cc/blog/Giddens/7099622

标题，“关于创作”我有个朋友……最好是啦。

我想一定也有网友记得这个在我的博客大吵大闹的人吧。这个MIXTIME是第一个被我的博客设定为黑名单的人，因为一直闹，闹不完，不断留言，大家都被搞得很烦。后来被我设黑名单之后，他就回到他的博客继续说我的坏话——OK啊，只要他不造谣、无中生有，就算他要骂我的小说跟垃圾没有两样我都懒得理他。

电话中造谣者不断道歉，强调他这件坏事一做完就很后悔，很快就自首。我说我不相信，我说因为你不是透过连锁发信系统，按一个键就铺天盖地地贴了一千个网友网址，而是“锁定每一个在九把刀博客上留言的读者，点进去他们的博客，再贴上恶意留言”，所以你每留一个言，就有一次机会可以住手。

但没有啊！这个造谣者贴了几百个我的读者博客，几百次，都没有住手。(除此之外他还去“没在我这里留言，但人气却很高的其他无名博客”上继续他的恶意毁谤行动。这点我倒是忘了在电话里戳破他的后悔谎言。另外我觉得，若非我开始公开搜集他的IP地址，让他感觉到丑事有败露的危机，我也不会得到这封自首信。）所以我跟他说，我觉得你完全就是恶意，而且是绝对的恶意……没有后悔啊！

他继续不断地道歉，他妈的我也不忍心就这一点继续戳他戳下去。

接着来到重点，我问造谣者打算怎么办?

我先说了不必他赔钱，我也不会反悔报警，但事情要有结束。

造谣者说一切都听我的。

好，于是我跟造谣者说，你是指名道姓地毁谤我，所以没道理你的道歉启事可以继续用匿名道歉的做法进行。我也不必你用真名道歉（不想做得这么绝，我说过了我一直在修正我的做法），但你至少要用你本来的无名账号向我致歉。

而造谣者在那一封信中既然说，他可以在一千个无名博客中向我道歉，那你说了，就去做吧。反正你当初就是花了那么多精力在毁谤我，花同样的毅力为我作出澄清应该一点都不过分。

最后，我跟造谣者说，我觉得你讨厌我，我讨厌你，这都是很正常的事，我一点都不觉得奇怪。你也不必因为我依约定让事情和平结束，就认为、或假装觉得九把刀是个好人、大善人，你还是可以继续讨厌我没关系，就是不要再造谣毁谤我。

而我，我也不会装出我是个很好的人，所以我就要原谅你展现我的雍容大度，干，我就是觉得你根本就是个令人讨厌的人。不过你可以放心，只要你做到“你自己本来就应该做的道歉”，我就不会追究下去。

最后，我说你的网络道歉文自己写了就算数，我不会事前检查。

他有点惊讶，问我为什么不用事前先看一遍？

我说我要事前检查的话，那还不如干脆我帮你写，但那有意义吗？你自己写的道歉文，有没有诚意就让网友自己决定才对。

然后对话便结束了。

昨晚睡觉前我看见了他的博客道歉启事，然后就去睡了。这是我连续好几天第一次在晚上十二点以前上床。我睡了个精神饱满的好觉。

我也犯过各式各样离谱的错，很久前我也有不光明磊落的时候，我不是林清玄不是刘墉不是戴晨志不是李家同不是严长寿不是叶教授不是朗达拜恩不是证严法师不是圣严法师不是尤达大师，我说话的时候没有发光的法轮在我的脑袋后面转啊转的。但我跟欧阳盆栽一样，我相信每个人都该有第二次机会。你拉得下脸道歉，我就能尽量抓开我的心胸。或许我没办法假装我能彻底地原谅，但我会尽量多深呼吸几次。你讨厌我、我讨厌你，这两件事可以并行不悖继续下去，人本来就是各自构成的性格产物，每次和解都来个大爱拥抱这一套，不必要，也很恶心。

不过这件事到此为止，大家也不用去为难这位造谣者，就让他遵守约定继续在各位的博客里张贴道歉启事吧。我觉得够了，可以了。

光明磊落地活下去，唯有如此才能昂首阔步。这也是我的向往，我的生存之道。

侄子Umi笑起来很可爱。

我的演讲战斗（10）：演讲一定得注意的几件事

2009.01.12

冬天演讲超怕尿崩。

来说说演讲的场合，我一定要自己注意的几件事。

第一，麦克风与音响的回音不能太大，否则会造成我讲什么底下听众都听不清楚的情况（只有坐在最旁边的同学听得清楚，因为他们直接坐在音响旁边）。我是在花莲教育大学跟侨光技术学院发现这件事的。这个硬件上的缺点，跟我讲话讲得很快也有关系，字跟字之间的节奏全黏在一起。

这不是主办单位工作人员的不体贴，算是先天上的缺失，不要紧的。

第二，不能因为我放投影片，就将灯光全暗下来——绝对会有人睡着，不管我讲得多有趣。这一点屡试不爽，我是在台中技术学院首度发现这件事的，此后还有两三所学校在我疏忽下意外中枪。

纵使我不帅，但灯还是打开的好！

第三，最好可以用我自己的 NB 播放投影片。

我用的是苹果电脑，投影片都是用 keynote 制作的，文件格式并不能用 windows 系统播放，所以我都得携带自己的 NB 到演讲单位，自行接单枪。说真的苹果电脑的 keynote 简报程序比 powerpoint 好太多了，如果现场的单枪有特殊限制（光怪陆离啊），导致我无法用自己的 NB 播放投影片的话，我也只好将投影片转档成最简单也最通用的 PDF 文件，再用邀约单位提供的电脑播放。

可是那样不够爽啦！

第四，一定要喝水。

喝水很重要啊，我演讲的时候超喜欢喝水的，因为我的声音很薄，喉咙也不好，讲没几分钟一下子嘴巴就干了，猛喝水的话就可以讲得很愉快。一场演讲我至少会喝掉 700cc 的水。本来喝水也没什么要求，不冰

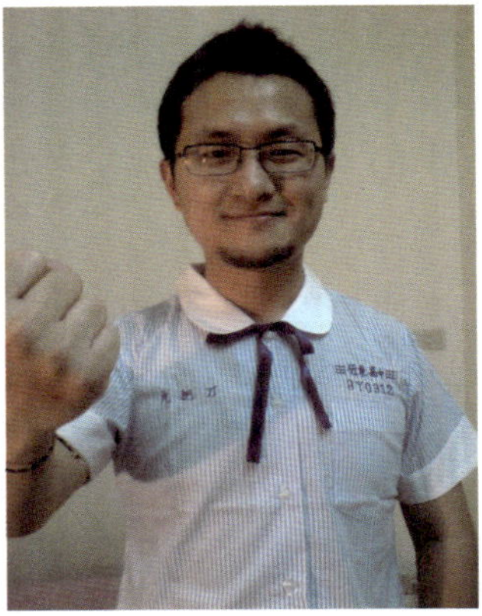

这是竹东高中的制服。

的水就可以了，不过后来我开始代言味丹的“竹炭水”，就变成希望主办单位可以提供竹炭水给我喝啦。谢谢谢谢。

不过也因为喝了很多水（有时候我会喝掉两瓶竹炭水，约1400cc），所以常常喝到我膀胱撑不住。大概有五六次，我讲了一个多小时后，由于喝了太多的水，我强烈感觉到下腹部一股小宇宙正在无限膨胀，再不解决的话，马上我就会表演一边演讲一边若无其事渗尿的绝技了。

于是我只好温柔地问全场听众：“咦？我好像看到有人面有难色哦？是不是想尿尿了呢？想尿尿的人举手！”

没有人搭腔，也没有人举手。

不过我还是温柔地说：“原来有那么多人举手哦，那我们就休息五分钟让大家去解放一下吧！哈哈哈，要快点回来哦！”

演讲到一半跑去尿尿，对我来说其实没什么羞耻，因为我早就演讲超过一般演讲的时间啊，尿尿本身也很正常。不过大家都觉得这样很好笑，搞得我竟然也有点不好意思。雪特咧，尿尿很正常啊。

第五，我的鼻子很烂，习惯性过敏，所以演讲前一定要进厕所洗个脸，顺便擤个鼻涕，演讲的时候才会很通畅，不然都是鼻音。

有时候演讲前主办单位会一直叫我跟各处室的长官连环哈啦，弄到我几乎没时间去厕所擤鼻涕，我又不晓得怎么开口说我有这个特殊需求……

第六，哈哈哈哈哈，演讲时底下的女生听众越多越好啦，嘿嘿！

女校是王道！女校是王道！女校是王道！女校是王道！

女校是王道！女校是王道！女校是王道！女校是王道！

女校是王道！女校是王道！女校是王道！女校是王道！

如果是男女合校，女生统统坐在第一排会让我战斗力大增啊！

如果是男女合校，女生统统坐在第一排会让我战斗力大增啊！

如果是男女合校，女生统统坐在第一排会让我战斗力大增啊！

第七，拜托了大家，请送我高中女生制服！

现在，我的衣柜里，应该有二三十件高中女生制服吧？为什么我要收集女生制服呢？因为杂志记者常常问我："你有没有在收集什么？"

我都回答："有啊，我有收集《海贼王》《灌篮高手》《猎人》……很多漫画。"

记者都说："那不算收集啦！很多人都有的，不算特殊收藏啦。"

接下来我就哑口无言了。所以我决定！决定以后演讲都要得到该校女生的制服当战利品！

你质疑，为什么是女生制服而不是男生制服？

吼！

告诉我我为什么要搜集男生制服！

告诉我我为什么要搜集男生制服！

告诉我我为什么要搜集男生制服！

告诉我我为什么要搜集男生制服！

说到特殊制服的战利品……很多女生制服都很有特色，不过其中又以两件军校的女生制服最猛，英挺又帅气，入手难度高，绝对是五星级的收藏品。

谢谢你们送我制服，我会叫小内穿……不，我会好好珍藏的！

这是静修高中的制服。

这是文华高中的制服。

我的演讲战斗（11）：真正的惜福

2009.01.13

这个演讲系列快暂时告一段落了。写了这么多，其实我最想写这一篇。大家可能以为，我写这一大串演讲记录，目的就是希望更多学校请我去演讲。

是。

但更不是。

演讲很快乐，演讲的时候有很多人在底下听、在底下笑，更加快乐。只是演讲越来越多，从 2005 年开始直到 2008 年底我已经演讲了 167 场，光是 2008 年我就讲了八十几场，足足占了一半。

很夸张吧？我自己刚刚将数字算了出来，也吓了一大跳。

哇，我也未免花太多时间在演讲上了。

在台湾，人少，读者少，可以养出来的职业作家也少。

光靠版税可能会出人命，于是很多作家受邀演讲、参加座谈、参加文学营授课的收入，可能比他真正写书所赚的钱还要多。能接到演讲邀约，是很多作家梦寐以求的事。即使是我，演讲对收入的帮助也挺好，可说是效率很高的赚钱方式。

但，说真的我希望演讲可以少一些。

我妈生我的时候，大概多生了好几张脸皮给我吧，害我从小羞耻心低微，不大怯场，拿着麦克风讲话有时还格外有自信，所以演讲从来不是困扰。另外我不是不苟言笑的人，也不会说让人听不懂的大道理，很喜欢跟听众一来一往有互动，所以演讲大部分的时间大家都蛮欢乐的，我也从中获得很多的快乐跟成就感。

问题就是出在，比起演讲，我更喜欢写小说跟约会看电影。

赚钱是很快乐啊，有钱多多赚也很好啊，但如果只因为“做这件事情可以赚钱”就花大量的时间去做，忘了有时候要得到快乐并不见得跟赚钱相关，不就怪怪的吗？

书，不会无端端出现在书架上，要货真价实的时间去写。

时间很公平，你一天二十四小时，我也一天二十四小时。我也没有不爱睡觉。

每次演讲结束，我都会放空自己几个小时的时间去做别的事，累了。有时候演讲结束还要接受校刊社的采访（签书也不见得可以很快结束），或是回经纪公司接受平面媒体的采访之类的，加一加真的会累积疲劳。

有演讲的日子，通常我就不可能花很多时间写小说了，约会是王道。我喜欢演讲，我不想讨厌它，所以我要跟它保持一个可以互相喜欢的距离。于是我跟经纪人说，把我的演讲排松一点，每个月不要超过四场，平均一个星期一场就好了，在这个松散的节奏底下，我既可以靠演讲稳定收入，又能因为拿着麦克风嘻嘻哈哈地鼓励大家人生就是不停的战斗，顺便获得成就感，完全就很棒。

更根本来说，演讲毕竟不是我的强项本质，我擅长的是写小说，别说什么“身为一个小说家，所以应该花时间在写小说上”这种冠冕堂皇的屁话，就算我是一个屁，我自己还是很喜欢写小说，所以我想将大部分的时间都留给创作，演讲只是我的消遣，转换一下心情之类的余兴活动。尤其当我认真在冲小说结局的时候，我还真想全心全意地对付屏幕里的故事，不想被分散持续力。

不过事情哪有我想象的那么爽。

人生啊，没有人可以全都拿的。

有一些学校邀请我去演讲的沟通经验，对我来说真是噩梦。

这些噩梦都不是什么好事，所以我就不写学校名字了，毕竟学生很无辜，说到底就是跟我接洽的人很恶劣，学校名字不用跟着一起受累，学生的自尊心也不用一并赔进去。即使我自己规划一个月只讲四场，有的学校求好心切，拿到我的电话后就一直卢一直卢，一直在确认我的行事历状态，推敲其中的细节，一天一天问我那一天到底有什么既定行程导致我不能去他们学校演讲。

老实是我的强项，却也是我的弱点，我会跟学校说虽然我不可能把时间排满，一定还能挤出某些日子去贵校演讲，但我真的想把大部分的时间留给小说，所以演讲行程不想排得太密集，太密集会中断写小说的 high 点，我看还是等以后有机会吧。

由于我讲话很诚恳，大部分的学校都会在这个沟通阶段了解我的想法，礼貌地结束对话，或改预约几个月后的时间。我很感激校方的体谅。

但有的学校却会恼羞成怒，沟通就爆炸了。

记得有所学校校方呛我：“九把刀，你是不是看不起我们学校？”

我在电话这头愣了一下，心中一把火，不过在那瞬间我无奈地答应了。

能怎样呢？我这个人就是不能接受误解。

明明就只是我不想一直密集演讲导致丧失乐趣，跟你的学校录取分数高或低有什么干系？即便我可以光明磊落地继续拒绝下去，但如果我最后真的不去，私下我会被这个承办人员讲得多难听？

如果这个人是老师，他大概就会去班上跟学生讲说：“今天我打电话邀九把刀来我们学校演讲，但就是请不动，他看不起我们学校。”他妈的我不想被这样阴险地搞。

有间学校一直一直邀，我用想专心写小说为由推了很多次。

我一直强调：“今天为什么有很多学校想邀我去演讲？是因为我很会演讲吗？不是，是因为我很会写小说，很多学生喜欢看，然后才接着喜欢我。所以我的核心价值是写小说，不是到处去演讲。如果我整天演讲赚钱，小说都丢着不写了，这样对吗？如果真的有站在我的立场想，就应该可以知道我今天不去演讲不是耍大牌，而是很珍惜我一直都没有改变的兴趣，那就是写小说。”

诚恳我最强了，但心肠软也是我的大缺点。

最后还是卢不过，去了。

印象中那位邀约老师施展的关键理由是：“我们学校经费很少，什么大人物都请不到，所以都只能请一些学生不感兴趣的人来演讲，每次大家听了都快睡着，也没收获。九把刀先生，你如果能来，我们全校真的都会很高兴。”

听起来很悲情，于是恍恍惚惚中我就答应了。

那天演讲当然精彩毙了，大家的反应也很热烈。不过演讲结束后来到观众问答时间，那位邀我的老师举手，问了个问题。

“请问九把刀先生，你现在是个畅销作家了，很多邀约也接踵而来，你如何在这么多邀约中保持不断写作的习惯呢？还有，你会不会担心，过多的掌声会让你渐渐迷失自我呢？”那位老师拿着麦克风，眼神锐利地看着我。

我差点摔倒。

我无奈地看着她的眼睛，慢慢说：“我一直都有在写小说，今天我本来也应该在写小说，不过现在我却在这里听掌声。话说回来，我一直都很努力推辞过多的演讲，没错，我很喜欢掌声，但我也不喜欢整天都听到掌声啊，今天就是你一直叫我来演讲我才来的，现在怎么是你在问我过多的掌声会不会让我迷失自我啊？”

要拒绝充满掌声的场合，对我来说一点都不难啊。

我是个容易自 high，嘿嘿嘿嘿地眉飞色舞的人，但那种充满崇拜与赞叹声的场合，对我来说一点诱惑力都没有啊。

一个五星级正妹的淡淡一笑，敌得过一万个乡民对我鼓掌叫好啊！

其实最让我度烂的邀约经验，竟发生在我的故乡彰化某高中。

我本来想花很多篇幅来爆炸的，但！那件事要写就会写很多，花那么多时间在写一件很恼火的事上绝对不划算。好事的人自己去看我在枫桥驿站 bbs 站（网址：telnet://bbs.cs.nthu.edu.tw）里的 Giddens 板，搜寻“是时候写”这四个字就可以找到了。

我好像越写越上火了。想到就气的记忆还有一个。

记得 2008 年我还在二水服“替代役”的时候，有个女人跑到我家，说她是某小学“母姐会读书会的召集人”。当时我正在药局里跟狗玩，她一来，我就被我爸叫到柜台前跟她聊。

女人很有礼貌，先说了一些恭维的话，我也很礼貌地响应。然后女人开口邀约我：“九把刀，我们母姐会今年选了三本书要看，其中一本是你的《妈，亲一下》，这本书好感人，我们希望你能够来我们的读书会，让我们把看这本书的感想说给你听。”

在我家嘛，我又穿着短裤拖鞋，就随兴地说：“谢谢，真的很高兴你们喜欢那本书。不过说真的我最近没有时间，下一本小说就快出了，我要认真写。而且说真的啦，我觉得读书会应该是你们将感想分享给彼此，而不是说给原作者听啦。”

“可是，我们都好喜欢你哦，如果你不来我们读书会，我们这些妈妈都会好失望的。难道连一天的时间都拨不出来吗？”

“一天的时间当然有啊，不过我比较想写小说。”

“一天不写应该……还好吧？我们有好多书要给你签哦！而且我们的小孩子都很崇拜你啊，你来我们读书会，一定会很轰动的。”

然后我得省略一大堆极为类似的对话。

总之就是她一直邀，我一直推。最后推到她有点火了，我也开始有情绪。

“真的谢谢啦，不过我常常跟我的读者说，我就只是一个把小说写得很好看的人，其他的部分完全就很普通，跟大家都一样啊，所以我不是生下来给大家崇拜用的，我是生下来写小说的。”我干脆老实地说，“而且我现在在乡公所服‘替代役’啊，平常也不是说想去哪里就去哪里，放假的话，我都要跟女朋友约会耶。”

“那如果我们发公文到乡公所，把你调来我们学校参加读书会呢？”她开始咄咄逼人，“乡长我很熟啊，我跟他讲一下就没问题了。”

“发公文也没用啊，我要自己先有意愿，公所才会把公文送上去啊。”

“那如果我们十几个妈妈开车去乡公所找你，二水乡公所我都认识啊，我们可以直接在公所楼上的会议室开读书会，你就不用跑这一趟了。这样应该可以了吧？”她有点激动。

“公所是我服役的地方，其实不适合在那边开读书会啊。不过你们要去二水开读书会我没意见，重点是讲到现在我已经有被逼的感觉，所以就算你们到了公所，我也不想跟你们开读书会。”我一直压抑着情绪，冷静地说，“说真的，整件事不过就是你们想找我聊天，但我不想，你们喜欢我的书我很高兴，但不能因为你们喜欢我的书，我就得配合你们做各式各样的活动啊。”

“九把刀，你现在已经是个畅销作家了，难道你不觉得演讲是你的社会责任吗？”她终于说出最让我反感的话。

我火大了，但我的强项也包含了用冷静的语气讲出很火大的话：“我有我关心这个社会的方式，跟非常具体的做法，我为这个社会做了什么事也不必向谁报告。演讲是我高兴，我从来不把演讲当作什么社会责任。

所以我也不接受有人可以拿社会责任来压我。”

“我们这次选了三个作家的书，刘墉的《我不是教你诈》跟李家同的《让高墙倒下》跟你的《妈，亲一下》。刘墉跟李家同都是很有社会责任感的人，难道你……”

“我有社会责任感，但我要怎么实践我的社会责任感是我的事。今天怎么会有人把我参不参加你的读书会当作有没有社会责任的证明？你会去跟刘墉讲，如果你不来参加读书会就是没有社会责任吗？你会去跟李家同说，要是你不参加我们的读书会就是没有社会责任感吗？不会啊。事实上就是，刘墉不好找，李家同不好找，可是我超好找，所以你才有机会站在我面前，质疑我不去参加读书会就是没有社会责任啊！”

对话不欢而散。

她颇不爽地走掉，我继续跟我的狗玩。几天后，这位太太照样带了十几个妈妈到二水乡公所，装亲切地来到我的办公桌前。我很傻眼，我不是说我不想参加什么读书会了吗？

结果这位太太堆满了笑脸，说：“九把刀，我们来开读书会了哦！快点快点上楼，我已经跟公所讲好了，三楼会议室可以暂时借给我们用！”

干！我整个人快瞬间进化成超级赛亚人了，可是当我看到跟在那位太太身后的十几个读书会成员的妈妈，她们的脸上都洋溢着“天啊！他就是九把刀！”的笑容，我就整个气馁了。

她们肯定不知道，我根本没答应今天参加读书会。百分之百就是那位来我家邀我的太太，在骑虎难下的情况下率众而来，用强的。

怎么办？我从来不信励志书里教的EQ那一套，狗屁啦。

不过我想起了自己的情绪法则：

——如果十年后我不会介意的事，我今天又何必在乎？

然后我想，要是我严词拒绝了这十几个妈妈，硬是坐着办公不上楼，十年后我回想起今天我看到的十几个妈妈失望的脸色，我一定……很在乎。

于是我就上楼参加读书会了。

对，那位强迫我执行“社会责任”的鸡巴太太赢了。

我输了。输得一败涂地。

我没什么好说的，也找不到什么理由安慰自己其实赢得了什么。没有啊，什么都没赢啊。我的 EQ 也没有因此提高，说穿了我不过是不忍心看到那十几个不知实情的妈妈们，觉得白跑了一趟二水很失望罢了。

我不需要任何人提醒，就知道如何分配演讲的节奏，避免自己迷失。

我不需要任何人督促，光靠喜欢写作这一点我就会一直一直写。

什么时候想去演讲、或什么时候不想去演讲，本来不就该被尊重吗？

何况这样的作家，当他用“可是我那几天想写小说”为理由推辞邀约，听到的人应该要很感动才是，怎么还忍心用耍大牌、大头症套在他身上呢？

反正以上的情况都不会发生了吧？

现在我的演讲全部都是经纪公司在管，所以我就从这些噩梦中完全逃走了。

我写到头都快爆炸了，最后作个简单的结论。

不做任何一件坏事简单，能抵挡得住过多的好事才难。所以“可是我们都很喜欢你啊”！几个字有一种古怪的反作用力。仿佛由于对方很喜欢我，又买了很多我的书，我就得配合他做一些我本来不会去做的事。如果不配合，我就会辜负对方的喜欢，就有可能变成“不惜福的人”。

不惜福吗?

我很惜福。

但真正的惜福，不是全心全意去呼应大众对我的喜欢。

真正的惜福，是珍惜大家喜欢我的理由——写小说。

很喜欢这一张宁静中见强大的错觉。

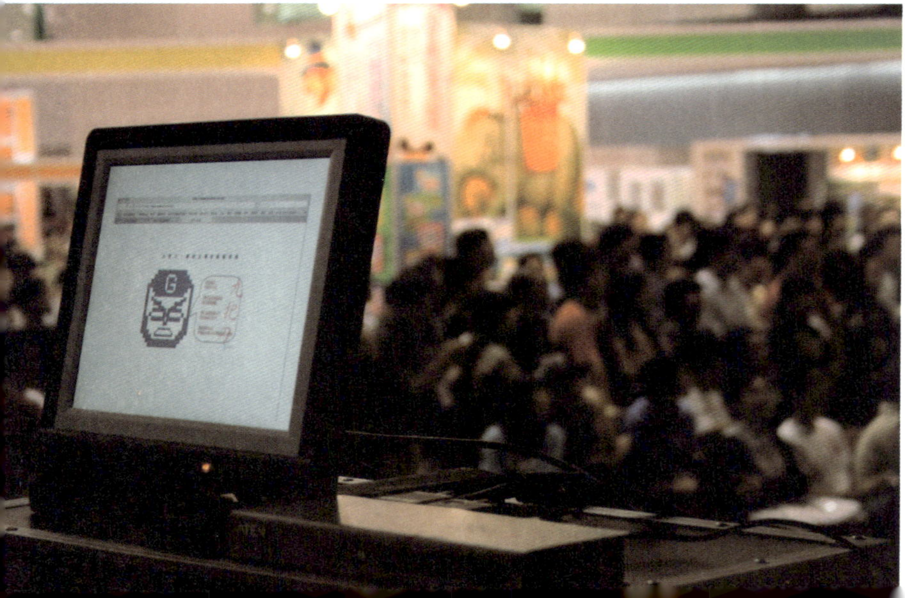

要做一件证明
自己很想小内的事

2009.01.20

【ELLE 专栏】

再两个星期，我就要去马来西亚跟新加坡演讲跟签书。（P.S.：这文是去年写的啦 :P）

踏出中国台湾宣传作品是好事，但今年我犯的小人特多，超叽歪的事也很多，小内的爸妈好心带我去行天宫拜拜，收个惊，祈求我一路平安。

离开行天宫后，他们直接开车送我去火车站搭高铁，我要一个人回台中。

“把逼，你一直在笑。”小内在后座用手指戳我的手掌。

“……嗯？”我搞不懂。

“你是不是都没有舍不得我？”小内一脸很闷。

“哪有，我超舍不得你的啊。”我立刻启动警觉模式。

“那你为什么看起来一副很开心的样子？你都要走了。”

“我哪有啊！我哪有开心，我是离——情——依——依——”

我拿开隔在小内与我中间的一大袋换洗衣物，说：“坐过来！”

“不要。”小内说，却忍不住靠了过来。

我摸摸小内的头，让她躺在我的大腿上。

“我走了，你要好好吃饭，但不可以吃太多。”

“好。”

“也要好好喝汤，汤可以喝多一点。”

“为什么汤可以喝多一点？”

“汤喝多了就比较容易饱，饱了就不会吃那么多。”

“好。”

台北火车站到了。我刚买完票，就接到小内的电话。

“把逼，你真的有想我吗？”她的声音低低的。

“有啊，如果我没有想你，我怎么可能得到这个星期最想小内的人的比赛的第一名呢？”我一边讲电话，一边搭上电梯。

“那你真的有舍不得吗？”

“如果我没舍不得，我又怎么可能赢得本周最舍不得小内的比赛的冠军呢？”

“……又没有那些比赛。”

“反正我就是超级 miss you 的，超级！”我看着二楼星巴克的柜台，考虑着要不要买。

“把逼，你要在五点以前做一件让我觉得你很想我的事，不然我就要生气。”

“现在已经四点半了耶。”

“好，那六点。”

我觉得真好笑，但短期记忆力特烂的我还真怕忘了做这件事，不可以太疏忽。在高铁上我只会做一件事，写小说。

我用右脑赶着报纸后天就要的稿，用左脑盘算怎么让小内知道我很想她。写着写着，台中也到了，我一边收拾电脑一边打手机给小内。

“小内，你到底在哪里啊？我们要下车了啦！”我装出焦急的声音。

“下车？”

“对啊，快到台中了，你在哪儿啊？在厕所吗？”我讲手机，悠闲地走出车厢。

“什么啊，你在演什么戏啊？”

“你在说什么啊，要开玩笑等一下再开，车子已经靠站了！”

人潮没有很多，挤了挤，我朝最近的手扶梯走去。

“我在百货公司啊，吼呦，我知道你在演戏啦，被我识破了。”

“你在百货公司？你……你不是跟着我一起上高铁了吗？”

“把逼！”她觉得很好笑。

“啊！”我装出猛然惊醒的语气，叹道，“都是我太想你了，一路上我都以为你就坐在我旁边，我还一边写小说一边跟你说话，要下车的时候找不到你，还以为你去上厕所了……所以……”

“把逼！我已经识破了啦！”

“所以，原来是我太想你了！”

小内开始嘻嘻笑了起来，我也正要哈哈大笑的同时，发觉自己怎么两手空空？

“啾啾啾啾！啾啾啾啾！啾啾啾啾！”

在日本神社许的愿。

高铁列车尖锐的警示声，让我每一条神经都颤抖了起来！

“他妈的！我忘了拿那一袋衣服！”我大吃一惊，立刻狂奔回车上。

“把逼不要再骗人了啦！”小内受不了地笑。

我边跑边解释这次是真的了，小内也跟着紧张起来。

就在高铁门关起来的千钧一发，我用非常丑陋的姿势插进车里。满脸发热，我沮丧地走回原来待的车厢，找到了放在头顶行李架上的一大袋换洗衣服，失魂落魄地坐了下来。花多一点钱搭高铁，就是为了快一点到达目的地，现在完全没有意义了啦。

小内在电话里安慰我：“把逼，现在我百分之百相信你真的很想我了。”

“我本来就很想你啊！”现在我得坐车到下一站，再立刻返回台中。

我看了一下信息提示牌上的时程。

“下一站，直达左营！”我虎躯一震。

左营！

不是嘉义，不是台南，是左营！

四十五分钟从台中到左营，再四十五分钟从左营折回台中，中途转车估计至少十分钟，刚刚学会加法的小朋友也知道——我要多花一百分钟回家！

“把逼，加油……那你就把握时间多写一点小说啰。”

“嗯啊，我……好痛苦啊。”我昏昏沉沉地将电脑重新掀开。

“那我不吵你，你加油。”

“唉。”

不过我这不是写后天要的稿子，而是立刻记录这件白烂的事。

许多我与小内的对话之所以能写得这么传神，几乎一字不漏拷贝当时的情境，就是因为我一觉得有趣，就会在二十四小时之内把对话先写下来。

不久，小内传了一通简讯给我：“比鼻我爱你，真的很想帮助你加油。你怪我吧，如果你会比较好过，我没关系。我爱你爱你。你把握这段时间写东西吧，加油，我爱你真的好爱你，我一定最近不再问你这种问题了。现在拍拍你，想想上次你坐客运坐过头到台北再回台中，现在高铁算是舒服好吗？对不起我爱你。”

乱写，我怪你什么呀?

不过不要一直问这种问题倒是我赚到了啊!

话说比起上一次搭客运坐过头的白烂经验，这次的确好多了。

在客运上只能用昏睡打发时间，在火车或高铁上至少可以写小说、拼命催眠自己，怎么这么上进啊！科科科!